从写生走向创意设计表现

FROM SKETCHING TO EXPRESSION OF CREATIVE DESIGN

王昌建 著

中国电力出版社
CHINA ELECTRIC POWER PRESS

内 容 提 要

写生通常为绘画训练的一种手段，本书从写生入手，由具象到抽象，从感性到理性，由绘画走向设计，是同济大学建筑城规学院造型创意特色课程。本书分为六个部分，从工具与材料的运用、构图形式的营造，到综合性的学习方法、写生的拓展表现，再到形态的创意与营造、建筑形态的拓展表现，层层剖析，道出了从写生走向创意设计表现的方法与步骤。同时书中附有同济大学该课程的课题设置、学生作业，以及教师点评，适合全国高校建筑美术等相关课程参考与借鉴，也适合绘画爱好者自学使用。

图书在版编目（CIP）数据

从写生走向创意设计表现 / 王昌建著．—北京：中国电力出版社, 2017.2
ISBN 978-7-5198-0118-2

Ⅰ.①从…　Ⅱ.①王…　Ⅲ.①建筑设计—绘画技法　Ⅳ.①TU204

中国版本图书馆CIP数据核字（2016）第297351号

中国电力出版社出版发行
北京市东城区北京站西街19号　100005　http://www.cepp.sgcc.com.cn
责任编辑：王倩
责任印制：郭华清　　　　责任校对：常燕昆
北京盛通印刷股份有限公司印刷・各地新华书店经售
2017年2月第1版・第1次印刷
889mm × 1194mm　1/16・8.25印张・238千字
定价：55.00元

序 言

大学教育之所以不同于职业培训教育，是因为它对于人的培养是综合性、多方位的，尤其对于宽泛的审美意识与批判性思维等方面的建树，具有诱发与引导人自我完善的储备功能与责任。而这种责任与功能也决非仅仅是某一技能的当下掌握所能够替代。通常我们所谓的“创意”，即创造性的思维意识。它的培养不可能一蹴而就，而是需要一个在思维与情感及具体的形态操作上，从认知到理解，再从领悟到表达不断历练的心路历程。因此，我们的宗旨就是想通过这样一种不断从认知到理解，再从领悟到表达的过程，使学生们综合性地体验到艺术的创意表现——从客观到主观，再由主观回归到综合性客观的思维演变与情感融入的心路历程。对于艺术与设计而言，每一个时代都有其所崇尚的理念与形式。因此，当我们在需要学习前辈大师们优良程式化的同时，更需要建立一份在完善自我的学习过程中相对独立思考的品格特征。

本书是在“大学不是职业训练营”的思维推动下，进行探索并尝试多元化的教学理念与形式。在探索过程中肯定会有这样或那样的偏悖，希望广大读者予以指正。同时，在编写过程中得到了平龙、何伟、阴佳等多位老师的帮助与支持，在此表示感谢！

著者

目 录

第一部分

工具与材料的运用

常言道，“工欲善其事，必先利其器”，想要练就一手过硬的手绘本领，首先就要对它的工具与材料有一定的了解与掌握。对于艺术与设计类的学生而言，通常的写生工具有以下几种类型：铅笔、钢笔、马克笔、水彩、水粉、油画棒等，以及不同的纸张及其他材料等，如图 1-1 所示。接下来我们根据图例逐一介绍。

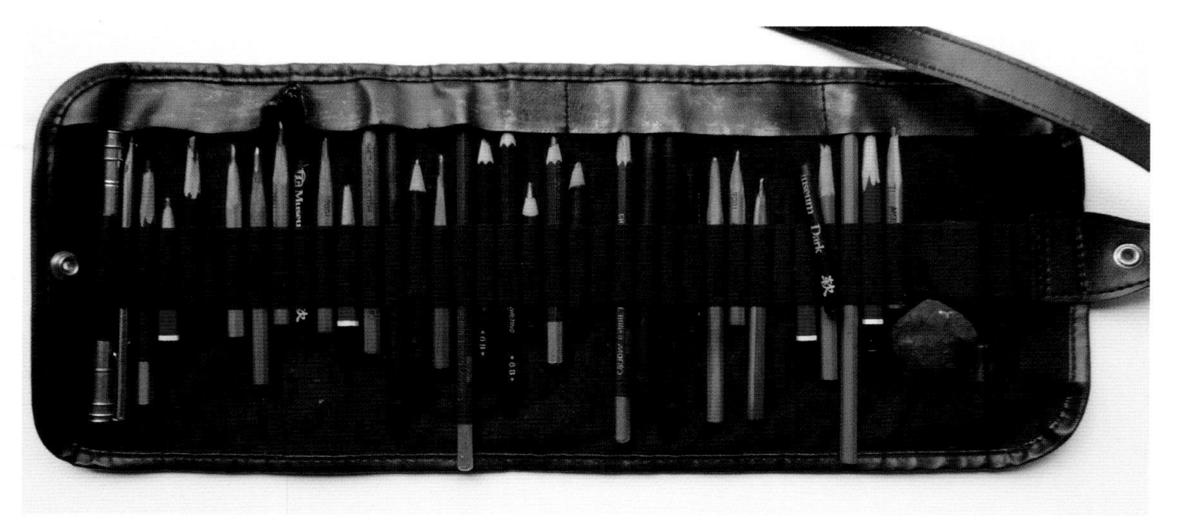

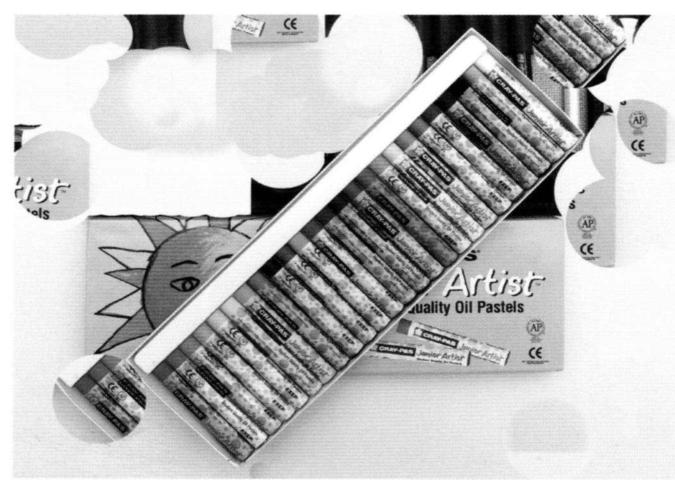

图 1-1

1. 铅笔与炭笔

铅笔作为写生工具应该是最常见与实用的。它不仅能表现粗细不同的线条，而且能够快速地表现出画面中不同笔触的明暗调式，并可以把物体刻画得非常深入细致。同时，画错了也没关系，可以进行修改。常用的铅笔型号从 2B 到 8B 不等。如图 1–2、图 1–3 所示。

图 1–2

图 1–3

图 1–4

炭笔的功能和铅笔基本相同，所不同的是炭笔的主要原料是炭，效果比铅笔更深。而且深浅度都靠一支笔表现，其效果完全掌握在作画者用笔的力度上。因此，初学者在用笔时应该从浅开始逐渐加深。如图 1–4 ~ 图 1–7 所示。

图 1–5

图 1-6

图 1-7

2. 钢笔与美工笔

钢笔作为一般的书写工具与中性水笔相似，在绘制过程中，只能画出一种相同粗细的线条。其最适于将单线条表现在光滑的纸面上，能表现出既流畅又挺拔的线条魅力。当然，如果要用钢笔来表现明暗与光影的视觉效果，只能运用密集排线的方法进行营造，如图 1–8、图 1–9 所示。

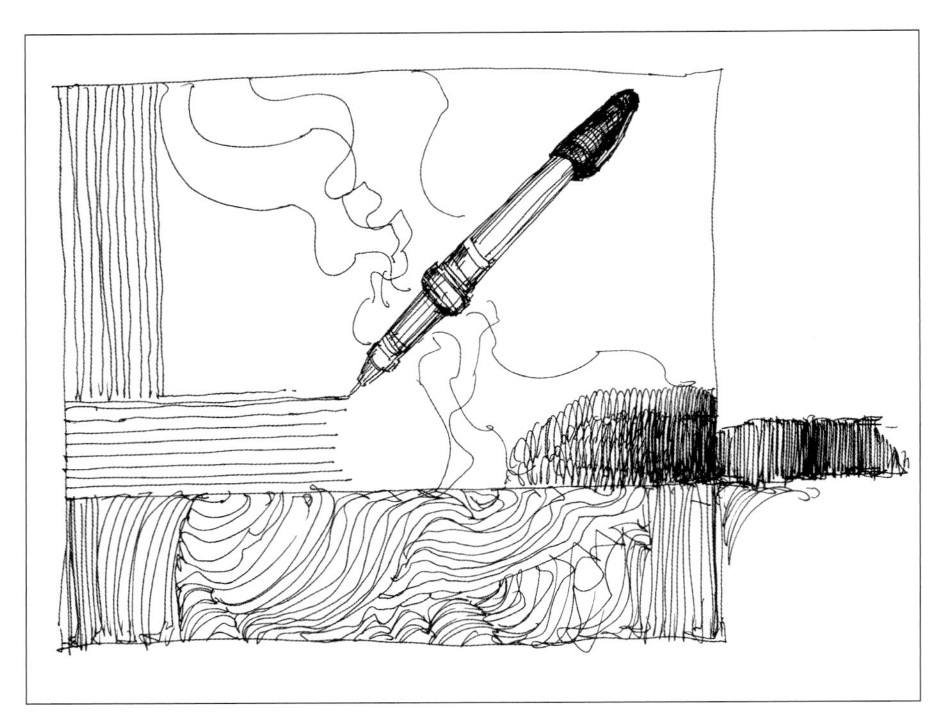

图 1–8

图 1–9

美工笔是一种特制的弯头钢笔。它的性能特点是在使用过程中能粗能细，既可表现线条的流畅感，又能快速地表现出形态之间的明暗关系。在充分掌握美工笔后，会有极大的表现快感，如图 1–10、图 1–11 所示。

图 1–10

图 1–11

3. 马克笔与彩铅

马克笔作为快速表现最常用的工具，在表现方面具有色彩亮丽、着色便捷、用笔爽快、笔触明显等特点。马克笔主要分为油性与水性两种。由于它在用笔方面有一定的局限性，因此，如果能够结合彩色铅笔一起使用，可大大增强画面的表现力与实际的可操作性，如图 1–12、图 1–13 所示。

图 1–12

图 1–13

彩色铅笔作为基础造型的工具，它的表现力相对比较弱。但是，在快速表现方面，它有一定的优势，比较适合初学者使用。尤其当它与马克笔一起使用时，可以弥补马克笔在某些用笔方面的局限，如图 1–14、图 1–15 所示。

图 1–14

图 1–15

4. 水彩与水粉

水彩是一种普及性很广泛的色彩绘画工具，其表现形式分为透明与不透明两大类。水彩主要特点在于颜料与水相融合后的通透感与特殊的肌理效果，同时，画面中可以有大量的留白部分，如图1–16～图1–18所示。

图1–16

图1–17

图 1-18

水粉也是一种普及性的色彩绘画材料。它在表现上也分为湿画法与干画法两种形式。湿画法的特点与水彩相似；干画法正好相反，具有很强的覆盖力，如图 1–19、图 1–20 所示。

图 1–19

图 1–20

5. 油画棒

油画棒是一种用油料、蜡与颜料混合制作而成的固体油性绘画工具。在使用时不仅可以在纸上画，还可以用其他硬物在其表面揉搓、刮蹭，以此营造出不同的肌理效果。作为写生的工具，油画棒既方便携带又具有很强的表现力，尤其在整体色调的营造、肌理效果的制作方面，是其他工具所无法替代的，如图 1–21 ~ 图 1–23 所示。

作者：阴佳

图 1–21

作者：阴佳

图 1–22

作者：阴佳

图 1–23

除了以上我们所介绍的工具以外，纸张对于写生而言同样也很重要。因为不同的工具笔绘制在不同的纸质上会产生不同的视觉效果。当然，如果我们仅仅只是作一般性的写生练习，那么，任何纸张配任何工具笔都可以。但是，如果你想使画面具有不同凡响的视觉效果，就应该使用不同的工具笔配适合的纸张。一般而言，铅笔与炭笔适合大多数的纸质。普通钢笔和美工笔都适合在密实而光滑的纸面上作画，如卡纸、绘图纸、硫酸纸等。而油性的白板笔和马克笔除了不适合在薄的纸面上作画以外，其他任何的纸质都适合，尤其在表面较为粗糙的纸质上，它们可表现出极强的肌理效果。油画棒除了不适合在薄的纸面上作画，其他任何纸质都适合。水彩必须画在专业的水彩纸上才能出效果，水粉一般用卡纸比较合适。另外，速写本因其携带方便也成为了写生的首选，它的大小通常有 16 开和 8 开两种，在购买时可以根据自己的需要来进行选择。总之，在选择现成的速写本时，一定要明确它适合用什么样的工具笔。

第二部分

构图形式的营造

所谓构图又称之为布局，或者说形态在画面中的位置经营。通俗地讲就是如何在画面中将所要表现的景物之间的形态关系，安排在一个比较合适的位置。从这一层面上讲，构图的基本宗旨就是在平衡的前提下，营造一种对立统一的关系。因此，构图是否得当在一幅作品中是非常重要的。就写生而言，构图可以从两大方面来认识；其一是画面中的近景、中景和远景以及主景、配景之间的位置关系；其二是画面上、下、左、右之间，景物的位置关系。第一种构图形式相对比较注重景物在画面中客观的自然空间感；而第二种构图形式则比较注重画面的趣味与形式效果。另外，景物之间的形态大小、光影、黑白灰的关系以及不同的材质与肌理等，都会对画面的构图造成一定的影响。在这里，我们主要介绍四种构图形式：全景式构图、均衡式构图、主题性构图与综合性构图。

1. 全景式构图

全景式构图也可以称为完整性的构图。一般所表现的场面比较大，景物也比较多，因此构图也比较完整。由于形态相对复杂多样，所以，这种类型的构图就需要我们对形态进行一些概括性的提炼，并进行借景与移景等艺术化的处理方式，如图 2-1～图 2-5 所示。

图 2-1

图 2-2

图 2-3

图 2-4

全景式构图并非一定要把画面撑满，有时有意识地留出一些空白，产生对比效果，也会使得画面产生不同的视觉感受，如图 2-4、图 2-5 所示。

图 2–5

2. 均衡式构图

所谓均衡指的是非对称性的平衡。因此，均衡式的构图形式既有平衡的感觉，又不失生动感，可以说是目前写生中最常用的构图形式，如图 2–6 ~ 图 2–10 所示。

图 2–6

图 2–7

图 2–8

图 2-9

图 2-10

3. 主题性构图

主题性构图主要是将所要表现的形态或形态组合，放在画面最主要的位置。以此来突出要表现的形态或形态组合的重要性，或者说体现作画者对这一形态或形态组合的主题性的情感诉求，如图 2–11～图 2–13 所示。

图 2–11

图 2–12

图 2-13

关于构图的形式，每一位作画者都有自己的审美趣味，以及对于画面的诉求。而构图最终是为画面的内容与效果服务的。因此，要真正掌握构图的形式感，不妨多进行一些小构图的训练，如图 2–14～图 2–23 所示。

图 2–14

图 2–15

作者：陈欣
指导老师：何伟
图 2–16

作者：陈欣
指导老师：何伟
图 2–17

作者：陈欣
指导老师：何伟
图 2–18

作者：杨希言
指导老师：何伟
图 2–19

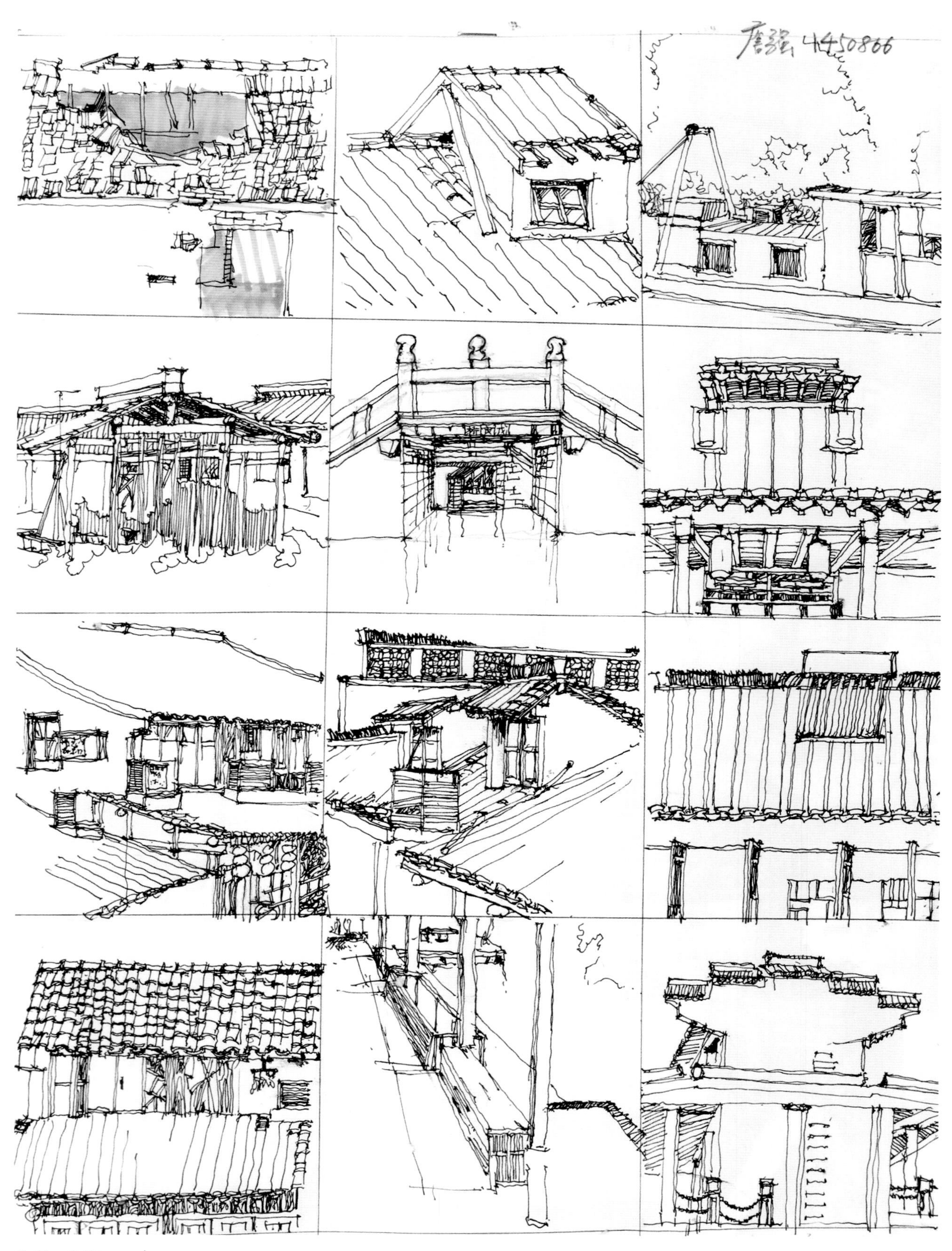

作者：詹强
指导老师：何伟 | 图 2–20

作者：詹强
指导老师：何伟 | 图 2-21

作者：赵梓含
指导老师：何伟 | 图 2-22

作者：赵梓含
指导老师：何伟 | 图 2–23

4. 综合性构图

综合性构图适合表现一种主观性的感受。因此，不仅无需考虑画面的透视关系，而且可以从不同视角与层面来进行思考与营造。这种构图形式很宽泛，几乎没有任何限制。它可以给作画者带来极大的想象空间与发挥的余地。作画者完全可以根据自己对各种形态观察后的感受，进行任意发挥。用当下一句流行的话来讲，叫“混搭”。所谓“混搭”不是乱搭，它的关键在于，一定要有自己主观性的、对于画面内容的主题与形式感的判断与认定，也就是说，变被动描绘为主动营造。画面所呈现的应该是带有创造性思维的、非常规的形式感，同时，也可以进行多种不同材料的综合性运用。这就需要吸取各种不同艺术形式的养料，如观赏大量中外艺术家的作品，选修一些艺术欣赏类的课程等，以此来提升我们对于艺术想象与表现的宽泛性，如图 2-24 ~ 图 2-34 所示。

图 2-24

图 2–25

作者：王志文

图 2–26

作者：蒋泓恺

图 2–27

作者：许可

图 2–28

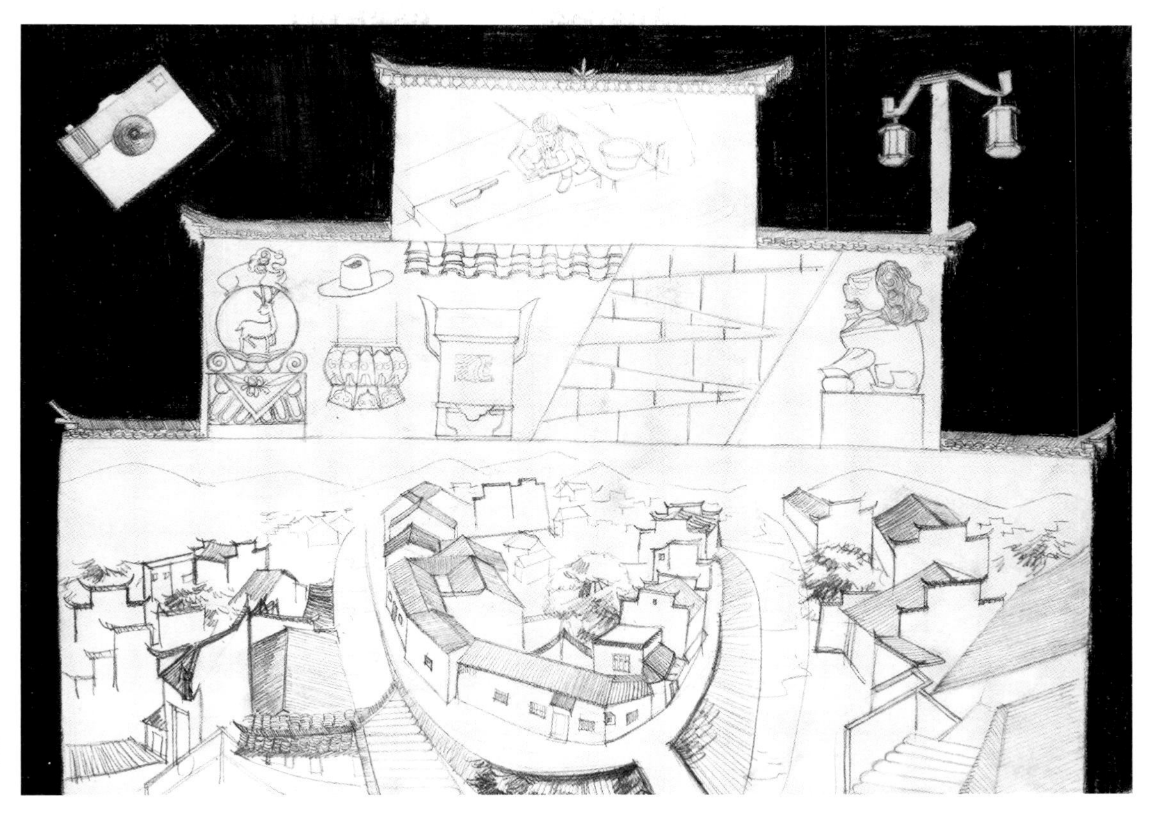

作者：庄祺麟
图 2-29

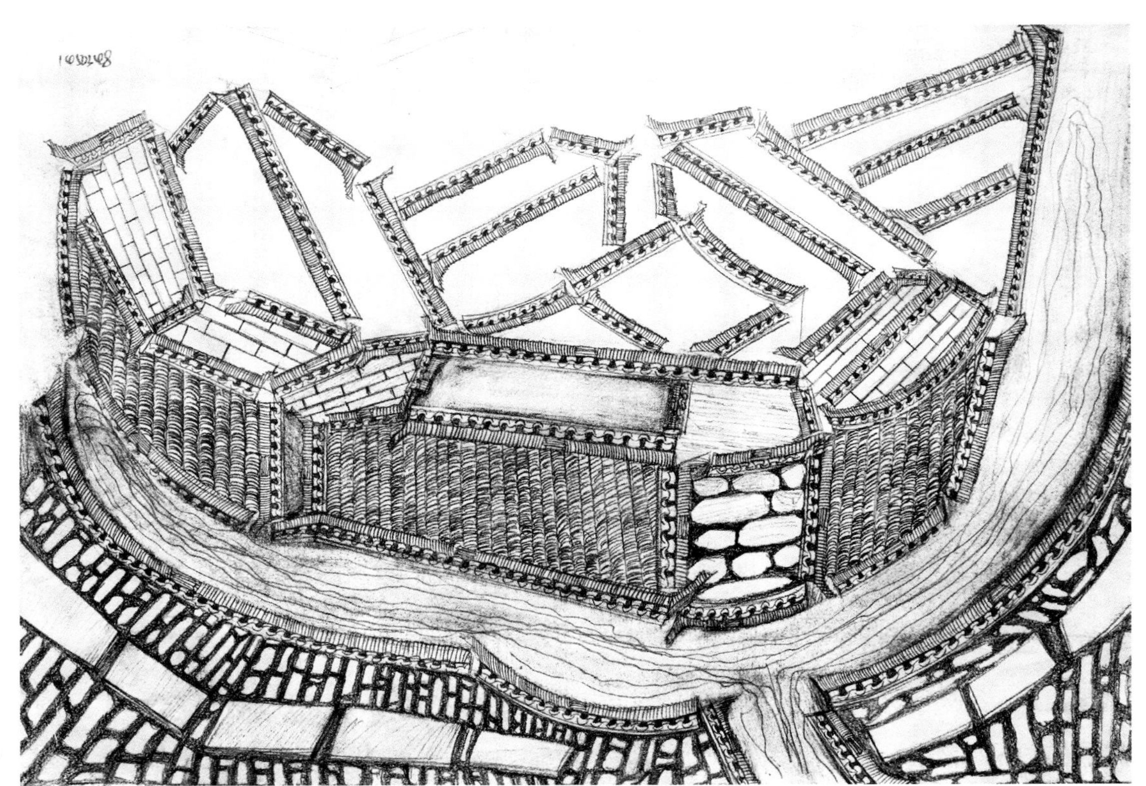

作者：姚奕婕
图 2-30

作者：李一丹
图 2–31

作者：陈欣
图 2–32

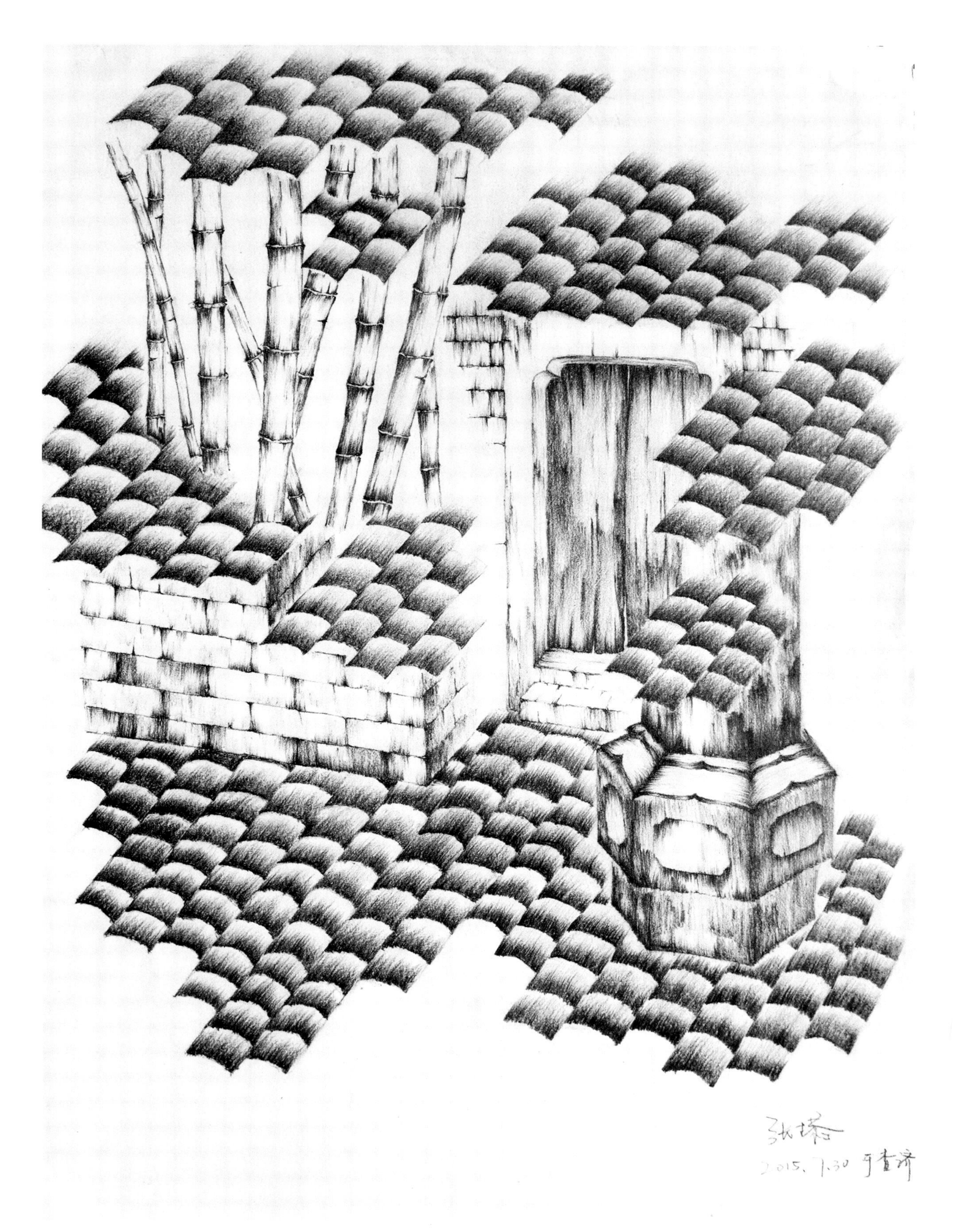

作者：张塨 | 图 2–33

作者：薛钰谨 | 图 2-34

第三部分

综合性的学习方法

我们说由于写生的材料不同，在形式效果及表现的方法上也各不相同。所谓的学习方法主要是针对初学者而言的，也就是说当你真正掌握了写生的表现后，方法就变得不那么重要了，而此时重要的是如何在画面中表达与呈现你自身的主观的艺术理念与情感诉求。关于写生的表现方法，应该说在许多类似的书籍中都有阐述，可以说每一位著书者都有他们自己的理解。但是，基本规律大致相同。时常有学生问，究竟如何尽快地掌握写生的表现方法？我想可能只有四个字：勤学苦练！因为，要想掌握任何一种表现方法，都将要付出一段艰辛的努力。正所谓一分耕耘，一分收获。因此，好的方法需要勤奋和努力来支撑。笔者根据多年积累的写生实践和教学经验，对于写生的学习与表现方法，概括性地提出以下几方面的建议，供初学者参考。

1. 临摹的重要性

对于初学者而言，临摹优秀的作品是掌握写生的开始。在临摹时，我们需要循序渐进，从简单、概括性强的作品入手，逐渐向复杂方面进行深入。并采用先临摹前人的作品，后临摹照片的原则，如图3-1～图 3-11 所示。

作者：侯昭薇
（临摹作品）

图 3-1

作者：王心怡
（临摹作品）

图 3-2

作者：徐欣瑜
（临摹作品）

图 3–3

作者：尹海鑫
（临摹作品）

图 3–4

作者：薛贞颖
（临摹作品）
图 3–5

（照片）

图 3-6

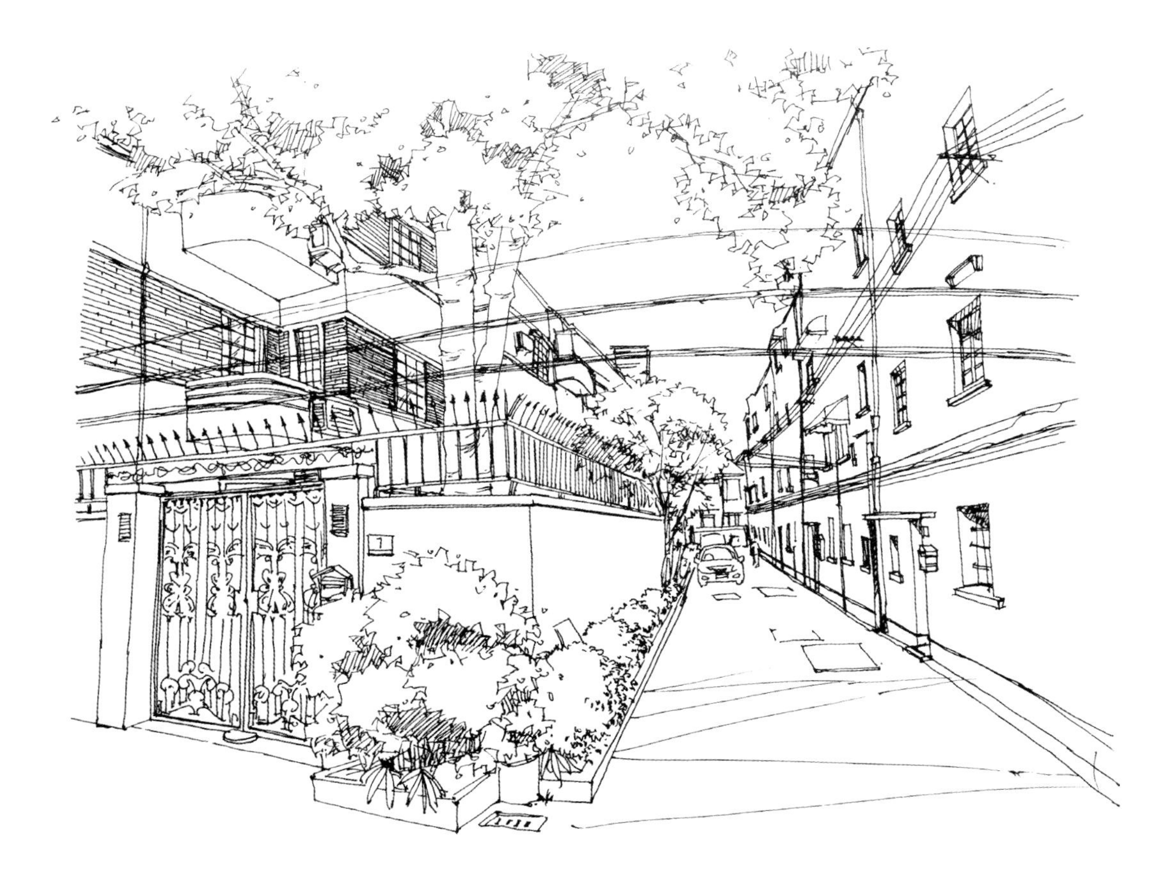

作者：徐欣瑜

（临摹照片）

图 3-7

（照片）

图 3–8

作者：耿亦凡
（临摹照片）

图 3–9

（照片）
图 3–10

作者：顾梦菲
（临摹照片）
图 3–11

2. 观察与思考

对于写生而言，必须要经历观察与思考这一步。如果在落笔前你不进行整体而深入的观察与思考，那么，你将无法控制画面的整体效果，也将无法对未来画面的效果加以把握。因此，整体而深入的观察方法是我们首先要遵循的。所谓整体的观察指的是：把所要表现的景物的各个部分概括性地联系起来，形成一个有机的整体关系来进行观察。例如：首先要观察景物之间的大的形态比例、大的形态结构、大的透视关系等。当然，在整体观察的同时，我们还需要对景物的特征进行深入细致地观察与分析。正所谓有比较才有鉴别，通过观察分析与比较，我们可以在脑海中形成一个明确而概括性、主次分明的形象特征；这样在落笔时就能做到意在笔先，从而避免了画一笔要看一眼的状况。

在整体与特征的观察后，思考也是必然的。想一想，如何把景物之间的关系安排在画面中适当的位置？如何处理画面中的疏密关系、虚实关系等？另外，还要确定作画的先后顺序，想好先画什么、后画什么？在思考的同时，初学者最好画一些小的构图。这样就可以把在脑海中思考的内容，更加明确地呈现出来。如图 3–12 ~ 图 3–16 所示。

图 3–12

对于在写生前是否进行过思考，图 3–12 与图 3–13 的画面效果给出了答案。这两幅写生是在画同一个景。图 3–12 在作画前应该没有进行过思考，或者说没有深入的思考，而是凭着感觉直接画。因为，画面中间那棵树的位置明显有问题。一般而言，画面的中心位置是否安排景物，要看主题性构图的需要。现在这棵树放在画面的中心位置是很尴尬的，既起不到画面主要形态的作用，又占据了画面的主要位置。因此，图 3–12 的构图是失败的。树不应该安排在中心位置，而导致这个结果的直接原因就是：写生之前，没有进行过深入地思考。

再看图 3–13，把树移到房屋的右边，并将原来的造型稍作修改。同时，将原有的一些景物进行了淡化处理。这样就使画面的整体效果在视觉感受上有明显的改观。同样导致这个结果的直接原因就是：写生之前，进行过深入地思考。

图 3–13

图 3–14

图 3-15

图 3-16

3. 素描写生的步骤与方法

素描写生因所需时间的长短，可分为“快写与慢写”。因形式的不同可分为“再现与表现”。一般而言，快写针对表现，画前想得多，画时一气呵成；慢写针对于再现，根据画前思考的步骤，循序渐进。由于方法不同，步骤也就不一样。下面我们根据图例逐一介绍，如图 3-17 ~ 图 3-21 所示。

图 3-17

慢写步骤一　观察写生的对象并进行取景。

图 3-18

慢写步骤二　在脑海中进行思考，如何取景，如何在画面中进行借景与移景的构图安排？景物的透视、比例关系、形态的结构、虚实关系的处理等，以及对未来整个画面有怎样的期许？并将脑海中思考的构图形式用线条表现在画面上。

图 3-19

慢写步骤三　对画面中景物的主要形态进行刻画。

图 3-20

慢写步骤四　进一步深入刻画主要形态及某些局部细节。同时，处理画面中形态之间的疏密与虚实关系。需要强调的是，画面的虚实关系处理得是否得当，是衡量一幅写生作品是否生动的关键所在。

图 3-21

慢写步骤五　对画面进行整体的调整并签名，这幅写生作品就算完成了。

如果你已理解并掌握了“慢写”的步骤与方法，并能够熟练地运用，那么恭喜你可以开始进行“快写”了。应该说快写是没有步骤的。如果一定要说步骤和方法，那就是在对景物观察与思考后，从上到下、从左到右一气呵成。也就是说，所谓“快写”是在写一种感觉，一种由你第一印象所产生的感悟。一般而言，一幅“快写”作品的时间从几分钟到几十分钟不等，如图 3-22、图 3-23 所示。

图 3-22

图 3–23

4. 色彩写生的步骤与方法

色彩写生可以分为客观再现与主观表现两种类型。前一种有一定的步骤，比较适合初学者；而后一种则需要一定的综合基础。一般而言（在这里我们选用水彩作为示范性材料），用水彩作画有以下几个基本原则：先画浅色后画深色，先画天空与远景后画中景与近景，先画大面积的形态后画局部细节。下面我们根据水彩写生的图例逐一介绍，如图 3–24 ~ 图 3–29 所示。

图 3–24

水彩写生步骤一　观察写生的对象并进行取景。

图 3–25

水彩写生步骤二　在脑海中进行思考：如何经营画面的构图组合？景物的透视、比例关系？色彩的关系处理以及整个画面色调的营造？包括作画的先后次序等。并将脑海中思考的构图形式用铅笔表现在画面上（初学者最好先画一些色彩的小幅构图练习）。

图 3–26

水彩写生步骤三　先画天空和远景。

图 3–27

水彩写生步骤四　画所有景物大的色调关系。

图 3–28

水彩写生步骤五　画近景的同时，刻画景物的某些局部细节。

图 3–29

水彩写生步骤六　最后作整体调整，并签名。

色彩写生的表现方法因材料的不同，可以说种类繁多。就水彩写生而言，除了以上我们介绍的一般性步骤与方法以外，还有湿画法、干画法，干湿画法同时运用等画法。无论哪一种画法，从天空开始入手、整体大面积色调的营造，最后画龙点睛与整体调整，一定是刚开始尝试表现性质写生应该走的过程，如图 3–30 ~ 图 3–35 所示。

图 3–30

图 3–31

图 3–32

图 3–33

图 3-34

图 3-35

第四部分

写生的拓展表现

在这一章节中，我们需要关注与解决的已不仅仅是写生的技法表现，更多的思考应该是在写生过程中，如何提升主观对自然形态感受后的表达。从自然界的各种形态中，寻找、发现、汲取某些兴趣元素，来表达我们自己主观的情感感受，并由此诉求一种独特的、适合自我的形态操作法则，以此来提升我们宽泛的审美意识与创造性的思维方式。

1. 形态的主观性表现

写生作为一种造型艺术的手段，从最初用作艺术创作素材收集的功能起，不断延进至今，已成为具有独特魅力的艺术表现形式。如果说写生的最高境界是眼、脑、手对于自然形态的表达，是一种高度统合后的呈现。那么，我们希望在此基础上能够进行更为宽泛的、内在的心智启发，以及与不同形式表现的尝试。因为，艺术与设计无论从理念还是形式，从来就不需要墨守成规。它可以不拘泥于任何形式、不受任何传统框架的限制。它也可以随心所欲、笔随心动，展开天马行空式的联想。因此，所谓的主观性表现，是当我们面对所有客观的自然形态时，这些形态仅仅只是作为一种观察与感受后的参考。而感受后的主观意识和情感的表达才是这一时刻的主体，其中也包括感悟后的文字记录。这种表达的形式不是对客观自然物描绘式的再现，而是综合性的表现。这里既有感悟与联想后的表现，也可能是灵感乍现时的记录。归纳起来共有两方面的内容：主观理念的记录与主观的形式表达。对于形态的主观性表达，首先要打破的必然是客观形态的束缚。从形态上讲可以是具象、意象甚至到抽象的转换。从形式上讲可以是从客观到主观表现的转换，也可以是感悟后联想式的主观表现，如图 4 –1 ~ 图 4 –11 所示。

图 4–1

任何没有做过的事，我们都可以把它当作新事物。而新的事物开始时都不可能是一蹴而就的，它必然会有一个循序渐进的过程。对于从客观再现到主观表现的转换也一样，我们可以先从形态的提炼与概括性方面入手。如图 4–1、图 4–2 两幅作品，在画面中几乎剔除了景物的许多细节部分，仅仅抓住了形态的主要结构与光影的关系。这样的转换刚开始会比较纠结，因为你的视觉会很不习惯画面中所看到的景物变简单了。但是，只要坚持尝试，你会发现这种概括性的提炼，是在为你打开一扇通向宽泛表现的门。同时，你也会在表现的过程中感受到从未有过的视觉体验与无与伦比的表现快感。

图 4–2

图 4–3

此为作者带学生到浙江松阳的古村落——横坑的写生作品。在浙江松阳，类似这样的古村落有很多，村里的建筑物大多数都很破旧，居住的都是些年纪较长的人，年轻人几乎都去了城里。虽然对于我们画画的人而言，这种原生态的感觉很有味道，但从他们本村发展与继承的角度而言，不免产生了一种悲凉！因此，在表现的时候没有按照具体的实际状况来进行，而是随着这种悲凉的心情有感而发。整个画面笼罩在沉重的氛围中，中景的建筑物被远景的山压迫得支离破碎，几乎融为一体，近景是寥寥数笔的一条小路和大片的空白。也正是因为有了这样的感受，这幅写生画一气呵成，四开大小的画幅仅仅用了 30 分钟左右便完成。

图 4-4

这幅写生作品在画之前思考了很长时间。纠结的是应该强调画面两边的近景建筑物，还是中间的自然景物？但最后还是决定按目前呈现的形式来表现。也许作者认为自然生物更具生命力，而人为的造物随时都有可能被自我的意志朝令夕改，因而在表现时有意识地强调了建筑物的线条与树的明暗对比关系。这种强烈对比的形式感，正好呈现了作者在自然保护与人文情怀某些思考上的诉求。

图 4-5

图 4-6

图 4-7

西塘古镇一条窄巷的感觉。
这种感觉很奇怪，我理解
它是如此的窄！不知为什么？
我却想表现一种宽！
一种在黑洞中的宽阔感。
2010.7.西塘.

图 4-8

在西塘古镇，这种窄巷子随处可见。
在我走东走西时，真的有种绝望感。
我也不知道这种心情从何而来？
可能，也许，就是一种感受的心
情吧！
2011.7.西塘.

图 4-9

所谓画什么不重要，
重要的是怎么画！
传统中之所以称为
美术，是因为审美的
概念，而现代之所
以称为艺术，是因为审
美的宽泛性，

图 4-10

道可道，非常道

图 4-11

2. 色彩的主观性表现

色彩是绘画语言中情感的符号、精神的载体，它作为绘画艺术重要的物质材料，是构成绘画艺术形式美的重要因素，也是绘画因素中最能打动我们视觉并沟通情感的方式。它与形态造型一样，是揭示作品内容、表现艺术家和设计师个性的语言手段。

对于色彩的营造而言，始终有两种不同的方向：客观的再现与主观的表现。在传统的色彩写生中，画面所呈现的是再现景物之间的色彩关系。如画面中整体的色调感，冷与暖、纯度与灰度及明度之间的关系等，也就是说，它是在平面上营造或者说再现一个真实的自然世界。但是，我们在这里需要探索与表达的不是再现一个真实的自然，而是表现某种情感上的诉求。所谓色彩的主观性表现，是运用色彩来表达一种我们对于自然景物感受之后的主观情感与诉求。而自然界中所呈现的一切色彩关系，仅仅只是作为我们感受后的参考。这样的色彩训练，对于我们建立一种主观的、具有独立品格特征的色彩审美，可以说意义非凡。一般而言，色彩的主观性表现有两种方向：一种是追求画面主观的色彩形式感；另一种是对形态与环境感受后的联想与感悟的表达。虽然都是主观性的，但前一种完全是主观固有的对色彩概念性的形式表现；而后一种更注重于感悟与联想的表达。如果学习者具备了这种表达能力，也就具备了一种色彩语言的表达方式。可以说任何一位在艺术领域有所成就的大家，无不拥有属于他们自己个性化的、对于艺术语言的独立品格特征。

色彩的主观性表现是基于某种形态组合关系而言的，任何一种色彩关系的表现都离不开某些特定的形态。因此，我们在进行色彩表现的时候，首先还是要从形态的组合开始，有了形态的主观定位，才会有与之相匹配的不同色调、色相、明度、纯度、冷暖等色彩对比关系的呈现。一幅好的作品应该是形态、色彩与形式在主观表现中的综合体现，如图 4-12 ~ 图 4-23 所示。

作者：平龙

图 4-12

作者：平龙
图 4–13

作者：平龙
图 4–14

作者：平龙
图 4-15

作者：平龙
图 4-16

作者：平龙

图 4-17

作者：平龙

图 4-18

作者：平龙
图 4-19

作者：平龙
图 4-20

作者：平龙

图 4-21

图 4-22

图 4-22 是对于古村落的主观印象。画面中没有具象的形态，所有的形态都是经过意象化的概括，并从中提取某些形态元素来重新建构的。色彩也只有简单的黑、白、灰与红、绿、蓝。画面中大片的空白，以及黑、白、灰与红色的对比关系，似乎在告诉我们，作者对于传统文化渐行渐远中感到的遗憾。

图 4–23

图 4–23 是一幅根据西方现代艺术流派——立体主义早期的形式与理念进行写生的作品。画面中的树基本上都进行了概括性的意象化处理，整个色调是相对单一的暖灰色。应该说作者的诉求非常明确，就是想表达一种不同于传统写实的形式感。

第五部分

形态的创意与营造

在这一章节中，我们需要理解与掌握的是对形态感受后的创意表达与主题性营造方面的内容。因此，对不同形态造型综合性组合的思考与联想就变得至关重要。而这样的学习与训练，应该说更侧重于作者本身的思想意识。因此，它涉及的范畴也应该是宽泛的，既包括艺术创作，也是实用设计必不可少的前期准备。因为，它不仅可以培养我们具有创造性的思维能力与情感的表达方法，还可以宽泛我们的审美趣味与形式表现。创意本来就是一种探索，因此，创意表现的工具与材料及表现形式也是多样综合的。

1. 形态的创意表现

人类社会的发展是离不开想象力的，尤其是对于造型艺术与形态设计而言。因此，培养一种创造性的意识，应该比懂得表现更为重要。我们说谈创意离不开“发现”。而“发现”之所以能够作为创意的第一要素，就是需要我们首先学会不断改变视角，换一种思维模式来重新审视世界。只有改变视角与思维才会获得全新的观点。创意性地发现是一种认知，对于创造性活动有着不可估量的作用。正是基于这个宗旨，我们才能够对形态感受后的思考与联想，进行综合性地创意设计与表达。

传统的艺术造型，一直以来都是以自然形态作为描绘的对象。随着现代科技的不断发展，真实再现自然形态的手段层出不穷。因此，造型艺术的目的与诉求也发生了根本性的变化。从传统的再现到现代的表现，从相对单向的审美标准到具有宽泛意识的审美势态，都预示着人类社会的发展需要不断地创新。因此，建立一种创造性的思维方式就显得尤其重要。所谓不破不立，指的就是只有冲破或打破原有的，才可能树立全新的。因此，我们对于任何一种自然形态，仅仅只是把它们作为感受以后的参照物，而非所要表现的本体。所以，在造型的过程中，完全可以对其进行不同程度的联想与变异，以求得所需最大限度变化的可能性，以及在可行性形态操作上的尝试与探索。

那么，当我们面对一个或一组物体的时候，应该怎样表现才能够呈现出具有创意的内涵与形式感呢？毫无疑问，应该从非常的思维方向来进行思考与探究。从理念上讲：①首先需要确定的是摒弃正常的思维方式与视觉方向。②需要建立一种从不同角度与层面进行观察与审视事物的思维方式，并从常人不经意或不太可能想象的方向切入。从具体的形式表现上为：①需要各种不同形态进行混搭式的构图组合。②需要进行形态的联想与变异化的处理。③导入实物及其他形态。④各种不同形式的综合性表现。创意的方法应该有很多，正所谓创意无限。笔者此处只是提出了一些方向性的引导，以此来诱发学习者脑洞大开的创意表现。

课题作业：课题一、形态的变异与联想　课题二、立方体与圆形的演绎　课题三、建筑内外空间的演绎

方法引导：一、通过对某一形态或形态组合的观察与分析，将感悟与思考，或是可能出现的某些联想与灵感，进行草图记录。并用合适的构图形式表现出来，最终形成方案。

二、在创作与设计的过程中，应该反复推敲方案。并尽量从多视角、多层面来进行思考。在表现的过程中，应该考虑画面中的空间、光影、肌理等方面的对比关系以及不同的形式感。

工具材料：铅笔、炭笔、炭精棒、钢笔、水笔、毛笔、粉笔、各类橡皮、墨水、旧报刊杂志、胶水、美工刀、罐装固定液等。铅画纸、卡纸、牛皮纸等

表现手法：绘画、印拓、实物拼贴等（均可）

画面尺寸：四开（A2）

作业要求：非常的想象，非常的表现形式

课题一　形态的变异与联想图例（图 5-1～图 5-4）

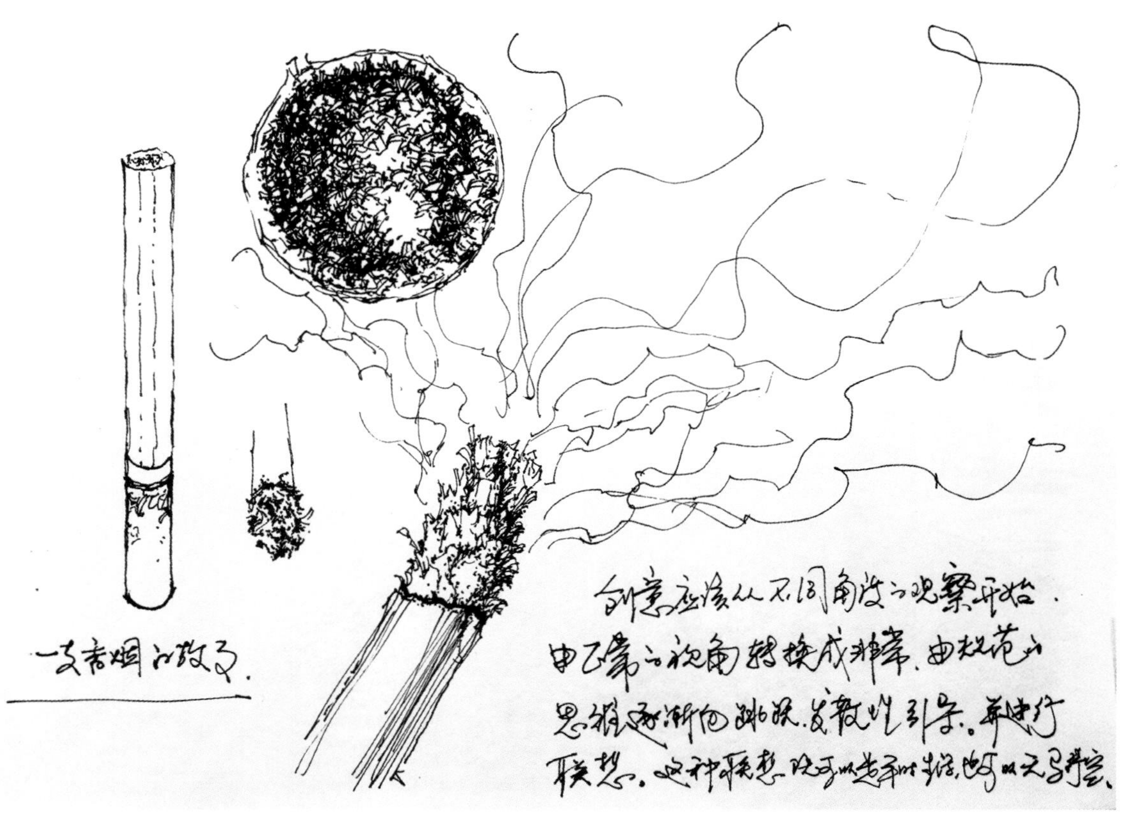

图 5-1

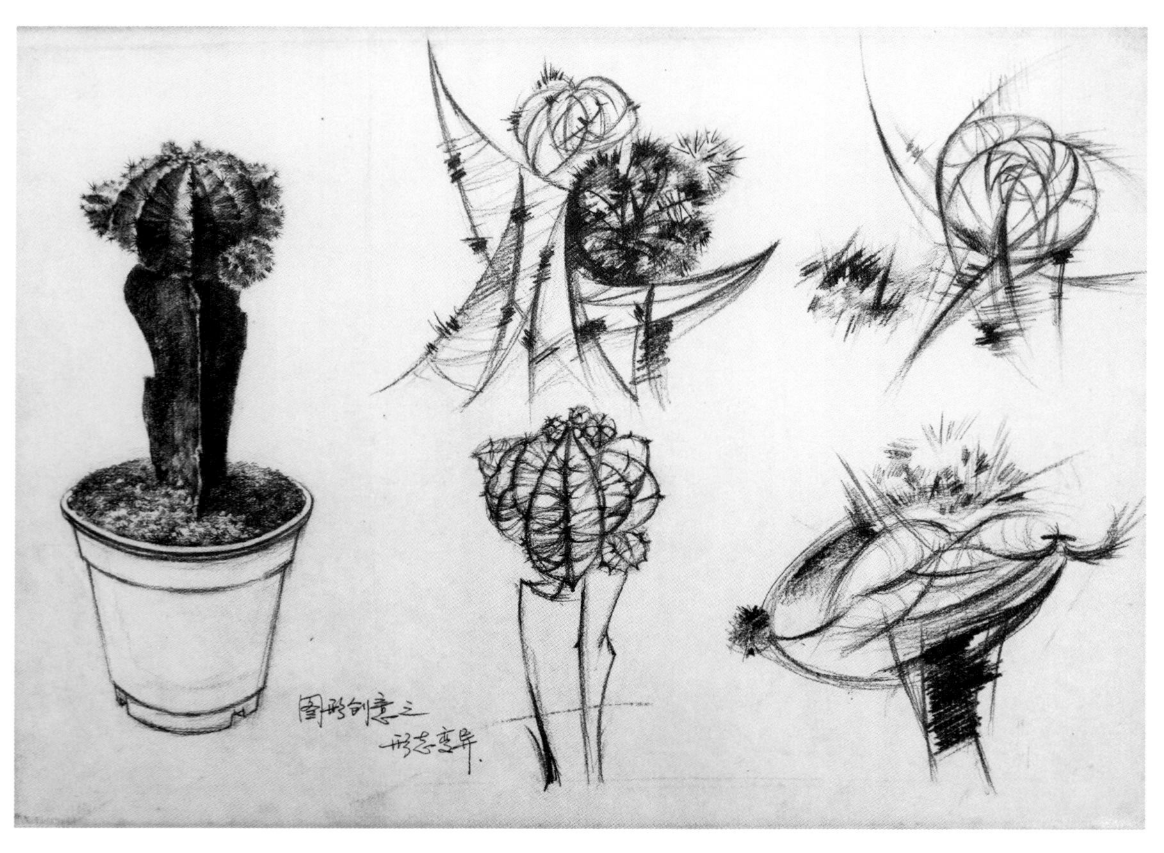

图 5-2

图 5–3

作者：季文馨

图 5–4

课题二　立方体与圆形的演绎图例（图 5-5～图 5-9）

作者：王健涵

图 5-5

作者：施冰清

图 5-6

作者：季文馨

图 5-7

作者：赵偲侨

图 5-8

作者：赵双睿 | 图 5–9

课题三　建筑内外空间演绎的图例（图 5-10～图 5-22）

作者：尹海鑫

图 5-10

作者：徐欣瑜

图 5-11

作者：任冠南 | 图 5-12

作者：吴昀晗

图 5-13

作者：张琳悦

图 5-14

作者：陆杨琛
图 5–15

作者：侯昭薇
图 5–16

作者：赵双睿

图 5-17

作者：王玥

图 5-18

作者：王诺莎

图 5-19

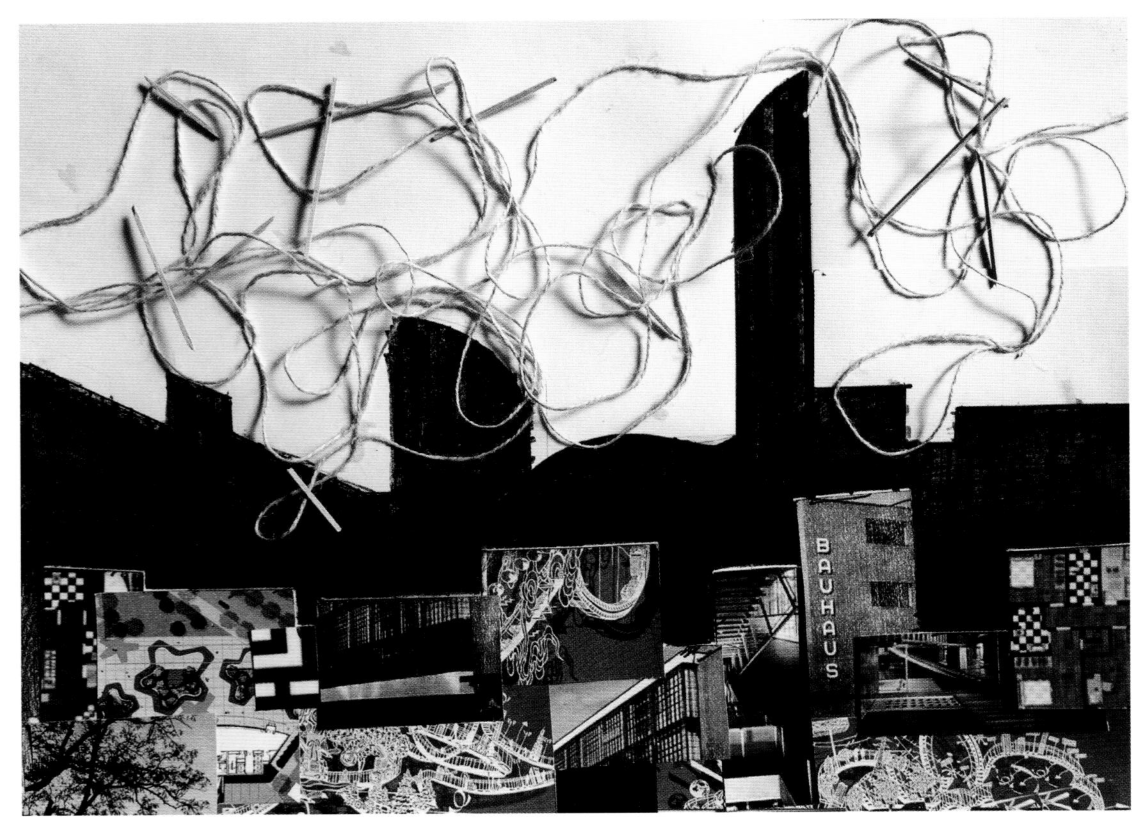

作者：汪方心怡

图 5-20

作者：高博林

图 5–21

作者：薛贞颖

图 5–22

2. 形态的主题性营造

形态主要分为三种：具象、意象与抽象。具象化的形态就是自然界中所有被我们眼睛正常观察到的自然物体。意象化的形态是指我们主观意识对于自然形态的变异。抽象形态是指那些没有任何实际内容和意义的形态。我们也称之为纯粹形态，通俗地讲就是不同类型的点、线、面。我们将这些不同类型的形态作为造型元素，通过确定一个主题，进行艺术化的重新设计与再创作，这就是形态的主题性营造。正如前面我们所讲过的：换一种思维的模式来重新审视这个世界，它不仅可以培养我们具有创造性的思维方式与情感的表达方式，还可以宽泛我们的审美趣味与形式表现。

课题作业：都市营造（主题也可以自选）

方法引导：一、根据所确定的主题内容，选择适合这个主题的形态元素，进行画面构图，并用合适的形式组合表现出来，最终形成方案。

二、在创作与设计的过程中，应该反复推敲方案，并尽量从多视角、多层面来进行思考。在绘制的过程中，应该考虑画面中的空间、光影、肌理、疏密等方面的对比关系与主题内容的契合。

工具材料：铅笔、木炭笔、炭精棒、钢笔、水笔、毛笔、粉笔等，各类橡皮、墨水、旧报纸杂志、胶水、美工刀、罐装固定液等，铅画纸、卡纸、牛皮纸等。

造型元素：具象（只能作为形态的元素与符号）、意象、抽象、物象。

表现手法：绘画、印拓、实物拼贴等（均可）。

画面尺寸：四开（A2）。

作业要求：非常的想象，适合主题内容的表现形式。

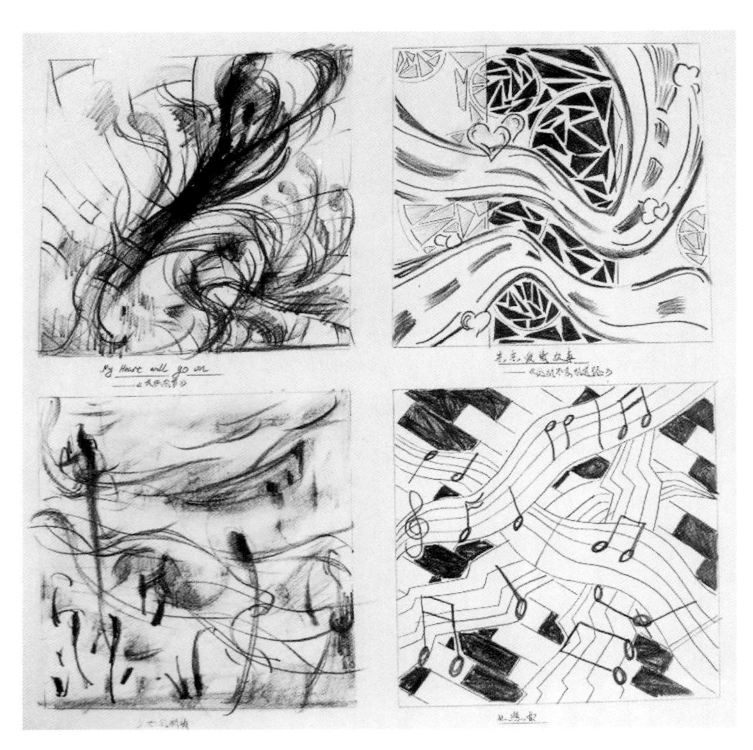

作者：刘凯旋

图 5–23

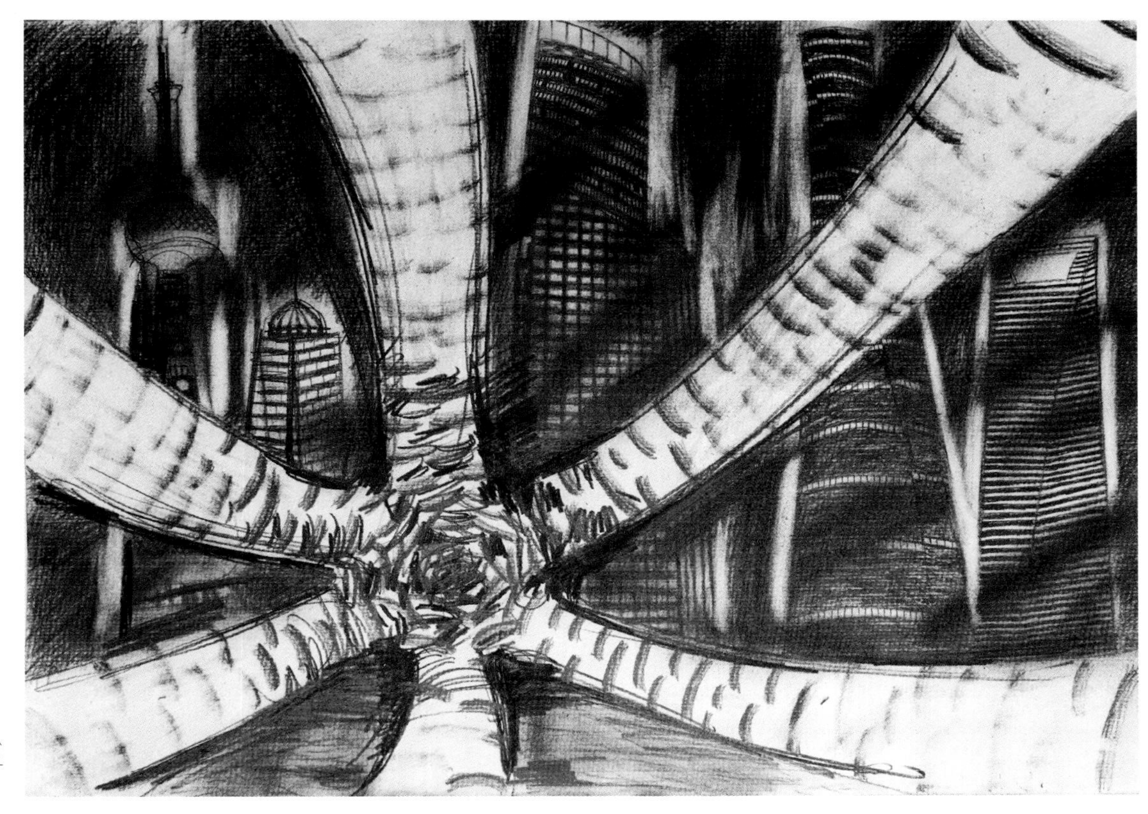

作者：朱婧怡
图 5–24

作者：孔培宇
图 5–25

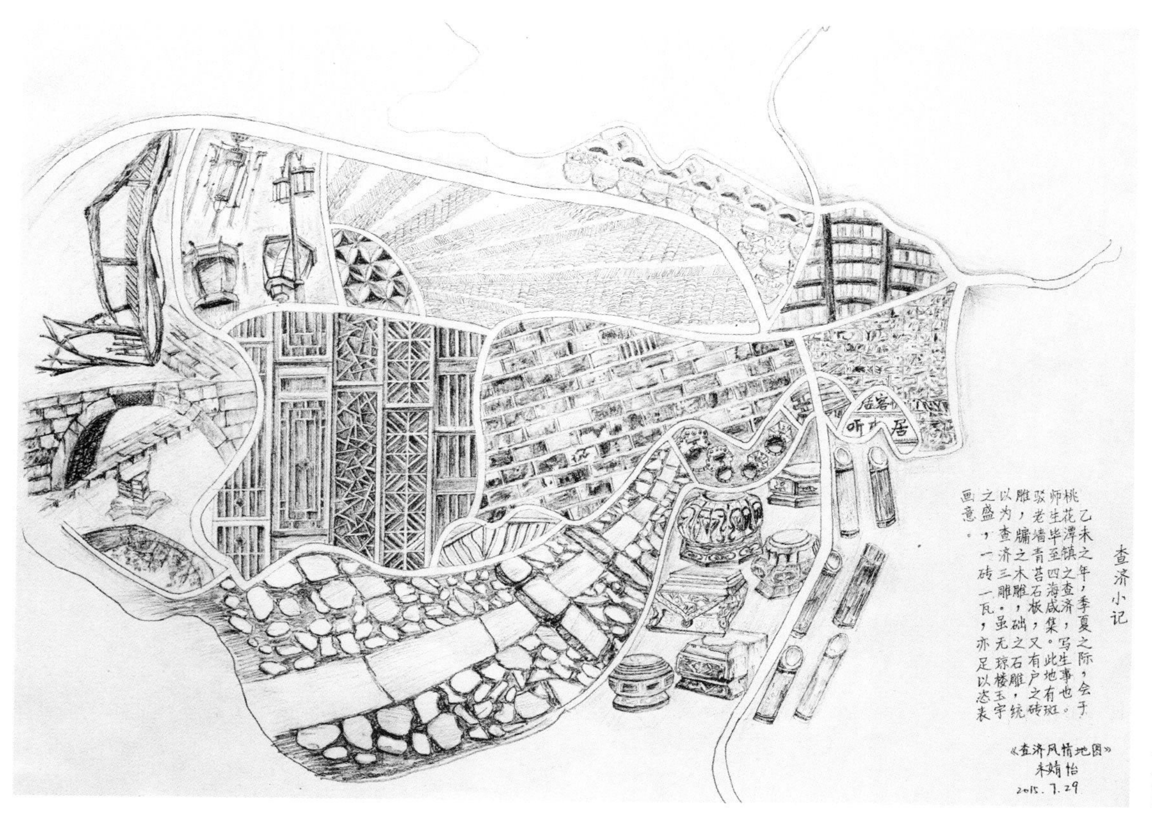

作者：朱婧怡

图 5–26

作者：许可

图 5–27

作者：王宇灵

图 5–28

作者：张又予

图 5–29

作者：王欣蕊

图 5–30

作者：王泰龙

图 5–31

作者：蒋征玲 | 图 5–32

作者：朱婧怡

图 5–33

作者：白一江

图 5–34

作者：李一丹

图 5-35

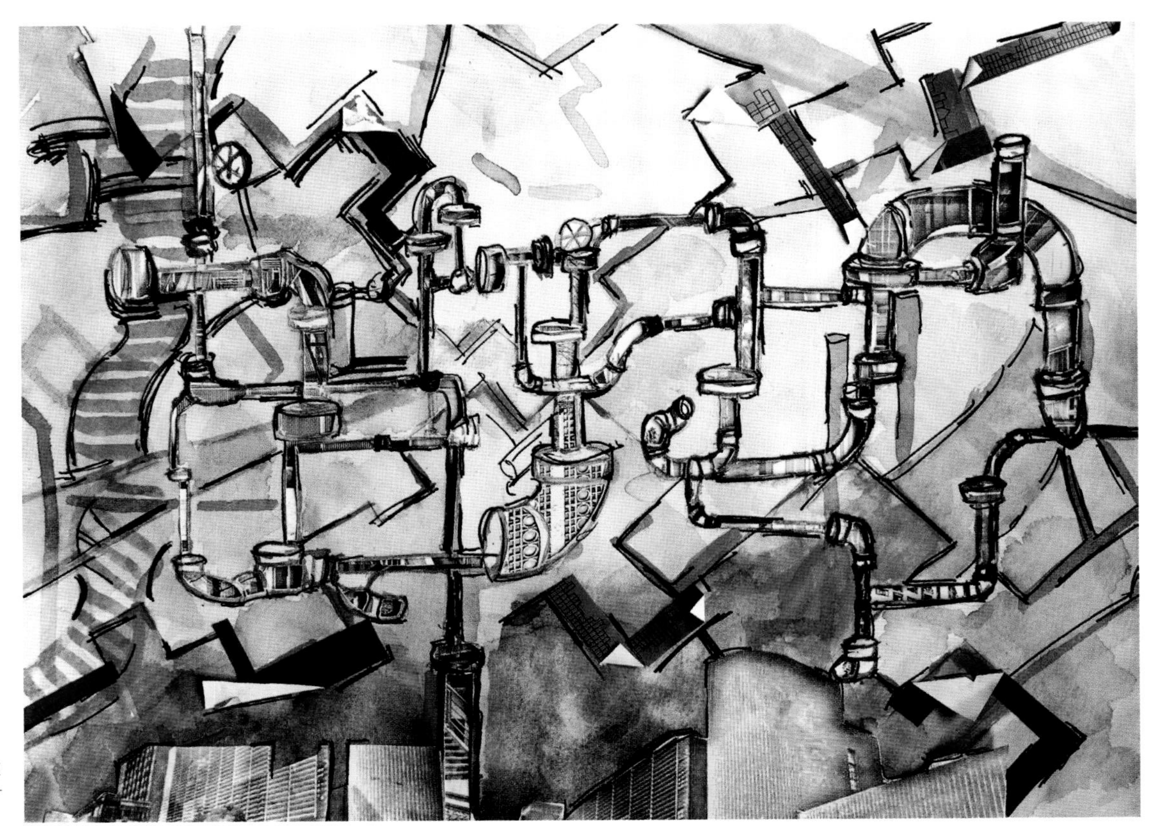

作者：喻桥苹

图 5-36

作者：潘宸
图 5–37

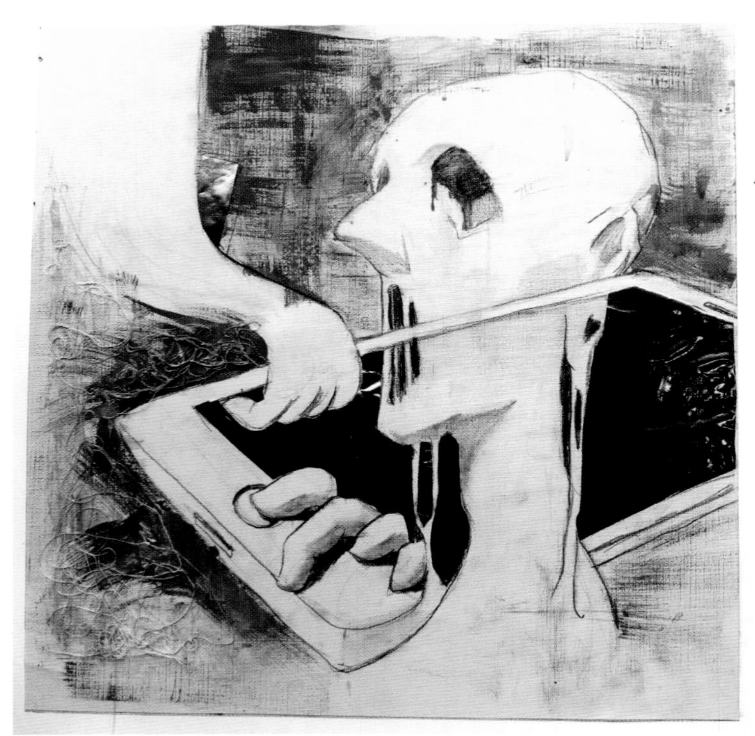

作者：张绳寰
图 5–38

作者：王志文 | 图 5–39

醫院
建築與城規學院
劉頌瑛
1550295
蔡崇達的阿太說過：「我已經沒有皮囊這個包袱，來去多方便」在我看來，死亡的包袱在於愛你的人目睹你靈魂的掙扎。

作者：刘颂瑛 | 图 5–40

设计说明 当人口急剧增长，土地日益减少时，我们开始向高处索取空间，以为理所应当。然而，人作为一种自然生物是应当依附于大地的，也离不开大地。当城市中的高层建筑习以为常，高空中一个个封闭的小盒子里装的灵魂也许会因长久远离土地而变得日益干枯。当在高层上架起一段钢索，有人会冒着生命危险逃离呆滞的顶楼吗？他会是通向另一个高层的捷径，还是成功回到地面？在高层建筑中向上观望的人群，他们呆滞的双眼会再现充满生机吗？也许这场景会发生在未来也许不会，但现有的高层建筑给我们带来的压抑感始终无法抹去，它们像一座座巨型墓碑伫立在城市。
——走出高层
陈诗韵 1550270

作者：陈诗韵 | 图 5-41

第六部分

建筑形态的拓展表现

这一章节主要通过两方面来拓展学生对于形态在建筑造型设计方面的宽泛性认知。一方面，通过文字、影像及视觉性符号的综合，记录与表现出作者对事物的表象及内在心灵的思想感悟。另一方面，这种学习是建立在学习大师们建筑造型设计语汇的基础上的。在变化的可能性与可行性方面，进行主观再设计与表现的探索。具体的形式表现是引导学习者对大师作品进行扬弃式的重新定位，以此拓宽他们的设计思维，并激发他们的创造性设计与表现的冲动，进而展开一种创意设计活动。

1. 综合性的视觉笔记

所谓视觉笔记是指用图像来记录文字无法完全描述的视觉信息。而综合性的视觉笔记是通过文字、影像及视觉性符号的综合，记录与表现出作者对事物的表象及内在心灵的思想感悟。它所注重的是观察、分析、思考及概括性与局部细节记录过程的体验。

我们说现代社会的高速发展，造就了许多应用性操作的快捷性。尤其是摄影、计算机等技术的日新月异，为我们的形态操作带来了许多便捷。可以说在当下这个时代，如果你不能掌握这些工具，就无法跟上时代的步伐。但是，也正是这些便捷的工具，培养了人们习惯上的依赖性。而这种依赖不仅体现在形态的操作层面，更体现在思考的过程上。试想，当你在不断快速的摁下相机快门时，记录下来的会是什么？——真实的图像。但它不可能记录你的思想，也不能记录你瞬间感悟到的某种联想或灵感，更不可能记录你想要表现的关于形态造型所带来的其他内容。因此，想要成就一名优秀的设计师或艺术家，仅仅依靠相机的便捷是不够的。而作为综合性的视觉笔记所要解决或弥补的，正是由于现代社会过快发展的速度与便捷性所润生出来的急功近利与浮躁的弊端，是在适当的时候放慢速度，用心灵来感悟这个世界。

学习要点：通过对某一区域的城镇规划、建筑或自然景点的观察与分析，将感悟与思考的内在过程，用概括性的图式、符号、文字、照片等综合性的表现手法记录下来，以此体验视觉与思考的过程，或是可能出现的某些联想与灵感。

课题作业：

1. 选择任意对象进行观察分析与思考，并用图文并茂的综合性表现手法记录与表现。

要求：平面的地貌图、各种功能要素的分析图（可以运用各种图式、符号、文字等进行表达）及效果草图等（数量不限）。

2. 对形态及组合进行联想与变化可能性的思考与分析（包括外部信息与内心的感悟），并用文字记录感受与联想的内容。

要求：确切地表达思考后的感受，字数不限。

3. 对形态某些局部重要的结构细节进行深入刻画，并进行实景拍摄。

要求：至少刻画两个细节点，并标注材料与结构的特征。拍摄照片的数量不限。

材料与工具：中性水笔、马克笔、彩铅及相机；绘图纸或卡纸。

作业讲评：采用对作业进行学生自评、互评，并与老师讲评相结合的形式。

视觉笔记案例一 《苏州博物馆》（设计者 – 贝聿铭）

作者：同济大学建筑城规学院 2009 规划班　庞璐　指导老师：王昌建

苏州博物馆正门（实景照片）

图 6–1

苏州博物馆入口（实景照片）

图 6–2

苏州博物馆内庭（实景照片）

图 6–3

苏州博物馆外立面局部（实景照片）
图 6–4

苏州博物馆室内局部（实景照片）
图 6–5

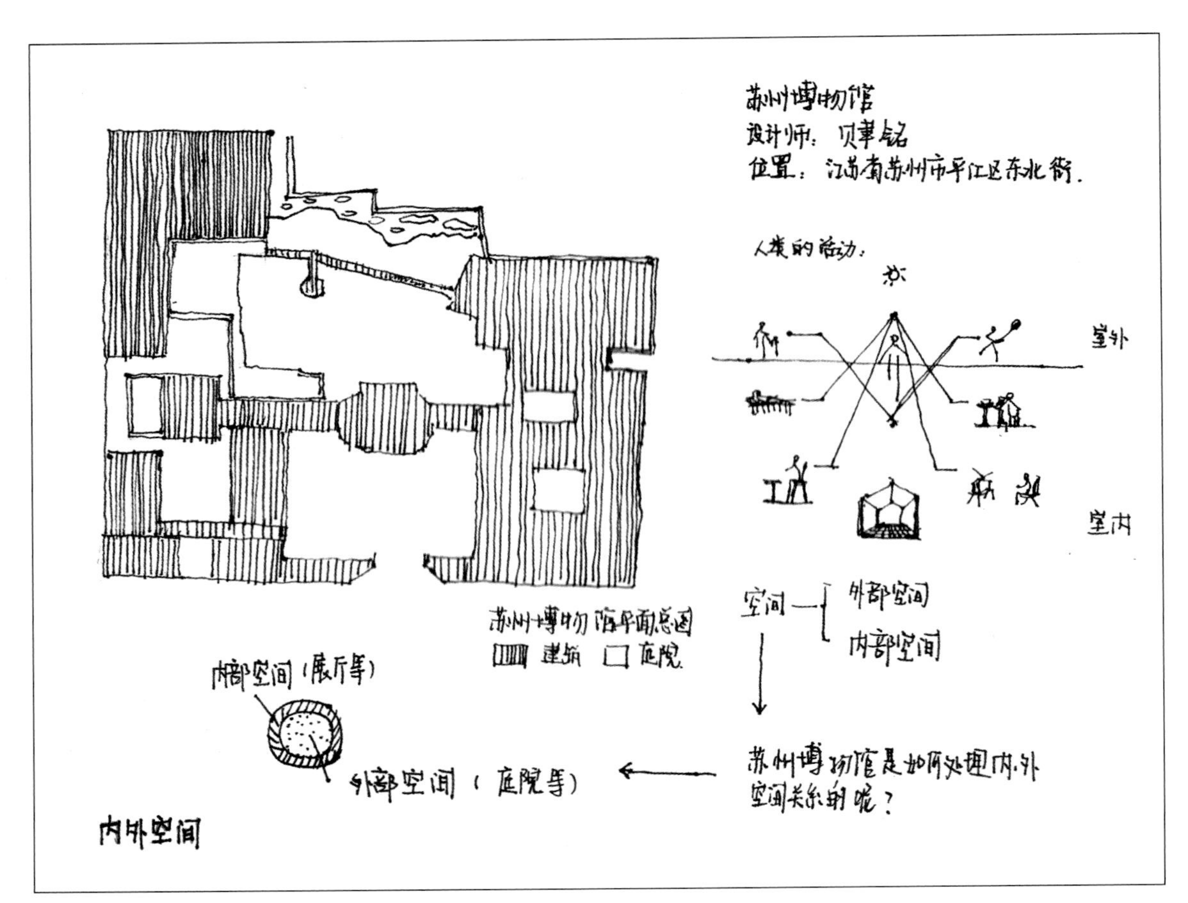
苏州博物馆
设计师：贝聿铭
位置：江苏省苏州市平江区东北街。
人类的活动：
室外
室内
苏州博物馆平面总图
建筑 庭院
空间
外部空间
内部空间
内部空间（展厅等）
外部空间（庭院等）
苏州博物馆是如何处理内外空间关系的呢？
内外空间

图 6-6

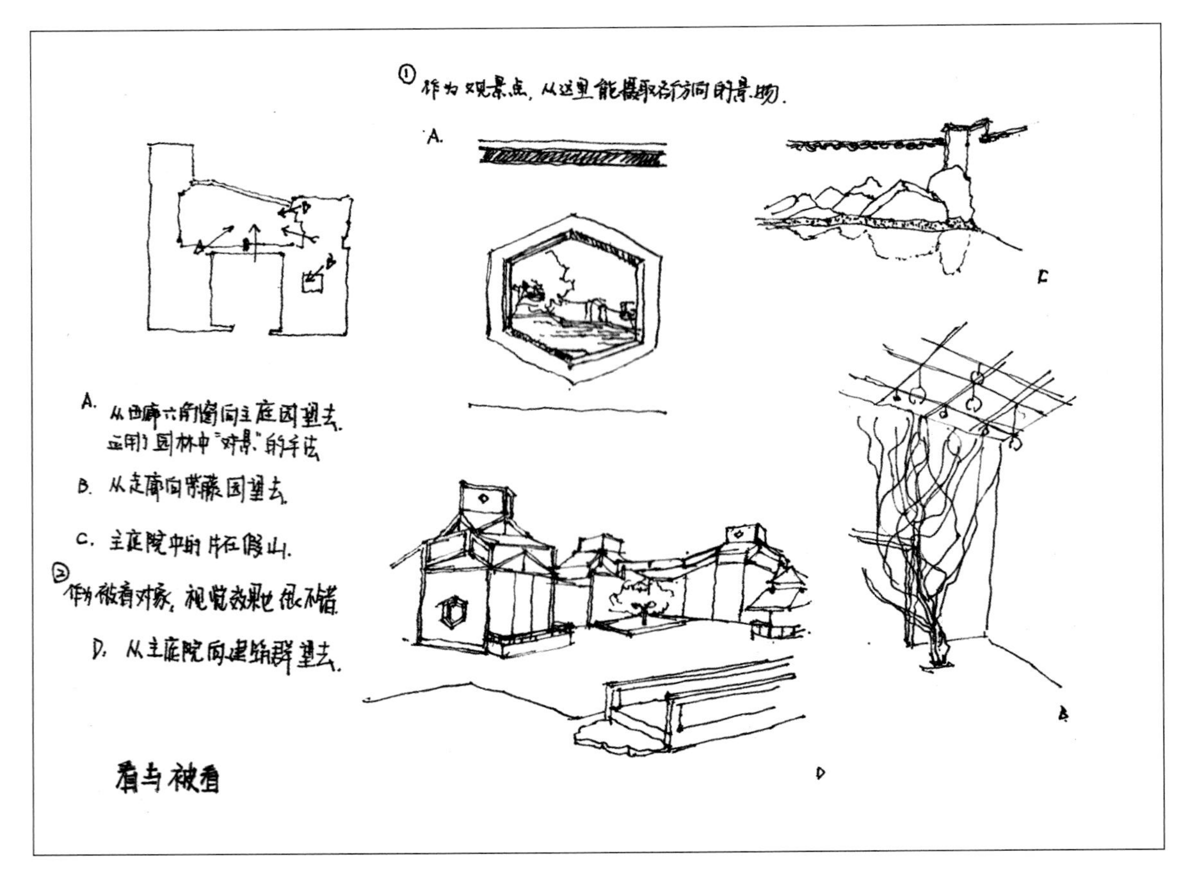
① 作为观景点，从这里能摄取各方向的景物。
A.
C
A. 从回廊六角窗向主庭园望去，运用了园林中"对景"的手法
B. 从走廊向紫藤园望去
C. 主庭院中的片石假山。
② 作为被看对象，视觉效果也很不错
D. 从主庭院向建筑群望去。
B
D
看与被看

图 6-7

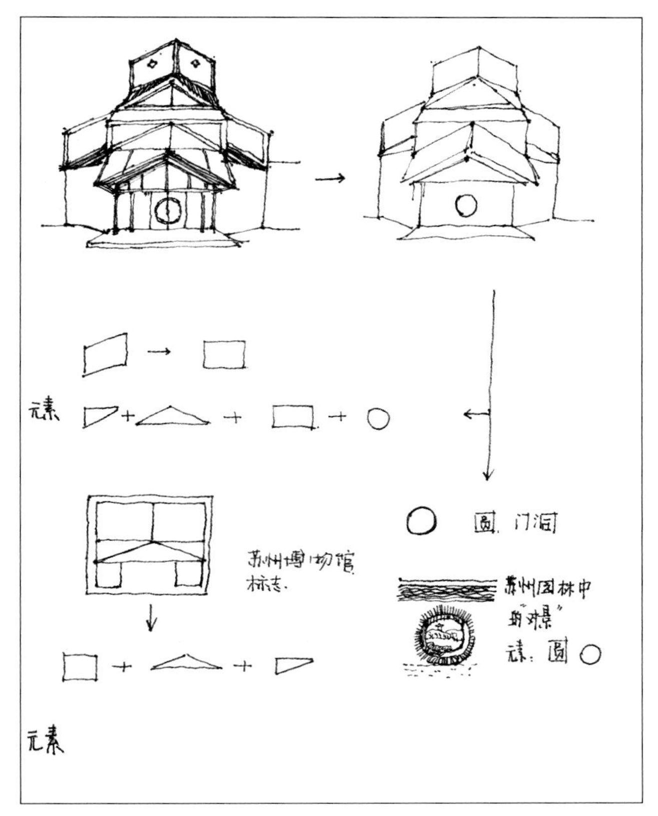
元素
圆、门洞
苏州博物馆标志.
元素：圆
元素
图 6-8

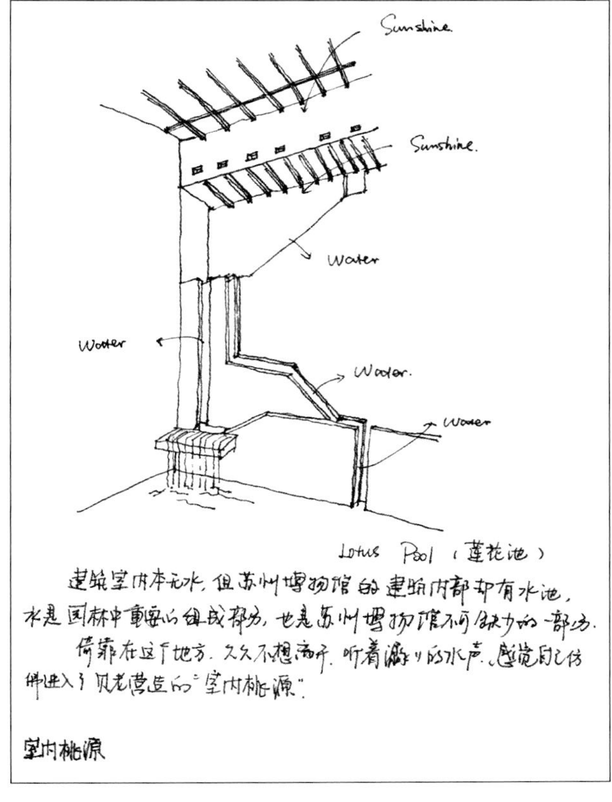
Sunshine
Sunshine.
Water
Water
Water.
Water
Lotus Pool（莲花池）
建筑室内本无水，但苏州博物馆的建筑内部却有水池，水是园林中重要的组成部分，也是苏州博物馆不可缺少的一部分。
仿佛在这个地方，久久不想离开，听着潺潺的水声，感觉自己仿佛进入了贝老营造的"室内桃源"。
室内桃源
图 6-9

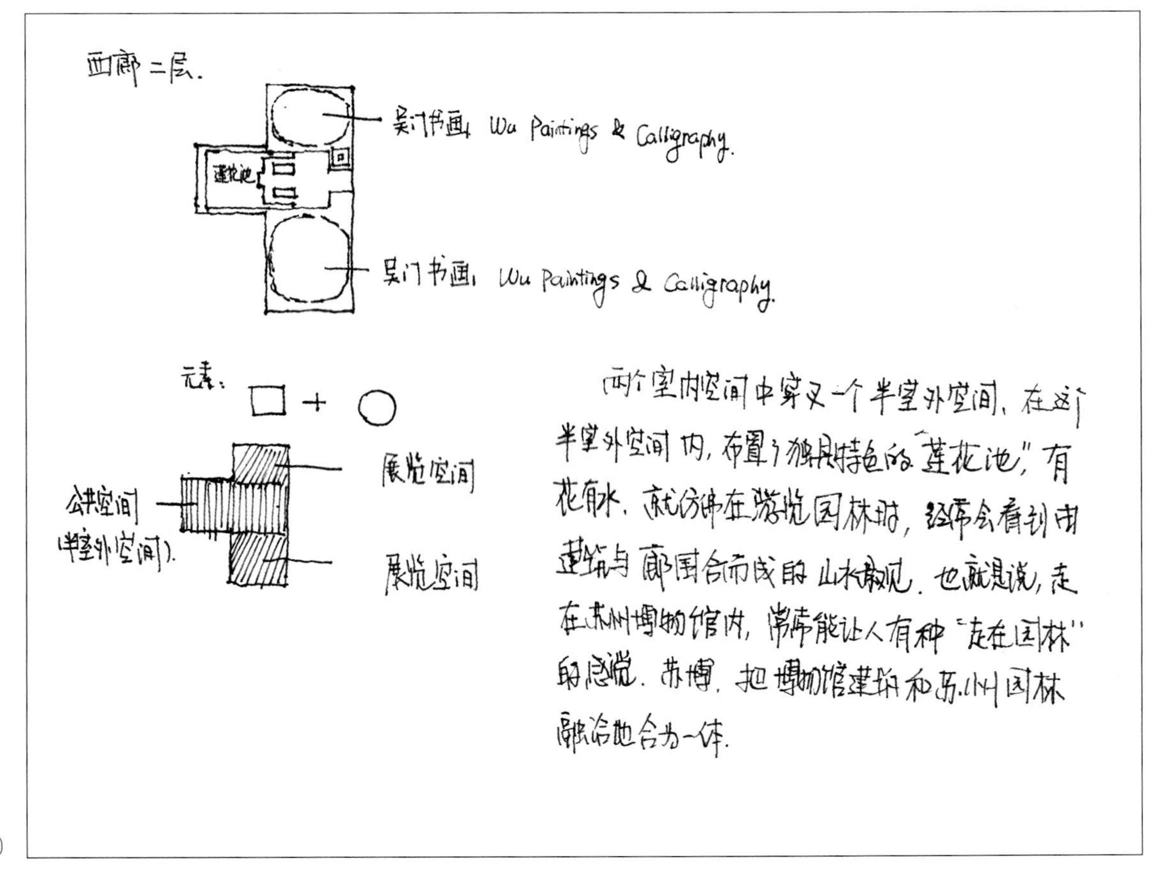
西廊二层.
吴门书画，Wu Paintings & Calligraphy.
莲花池
吴门书画，Wu Paintings & Calligraphy.
元素：
展览空间
公共空间（半室外空间）.
展览空间
两个室内空间中穿叉一个半室外空间，在这个半室外空间内，布置了独具特色的"莲花池"，有花有水，就仿佛在游览园林时，经常会看到由建筑与廊围合而成的山水景观。也就是说，走在苏州博物馆内，常常能让人有种"走在园林"的感觉。苏博，把博物馆建筑和苏州园林融洽地合为一体。
图 6-10

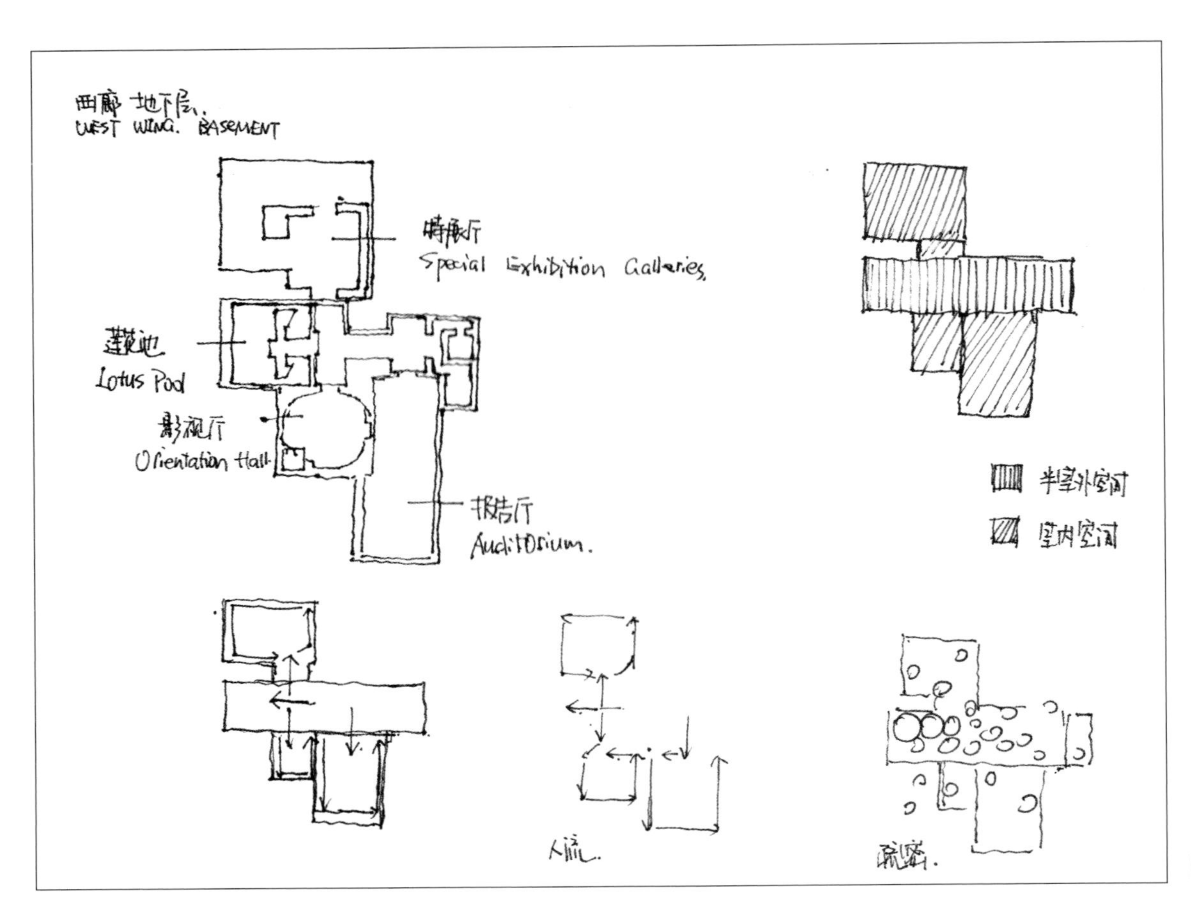

西廊 地下层
WEST WING. BASEMENT
特展厅
Special Exhibition Galleries
莲花池
Lotus Pod
影视厅
Orientation Hall
报告厅
Auditorium.
半室外空间
室内空间
人流.

图 6-11

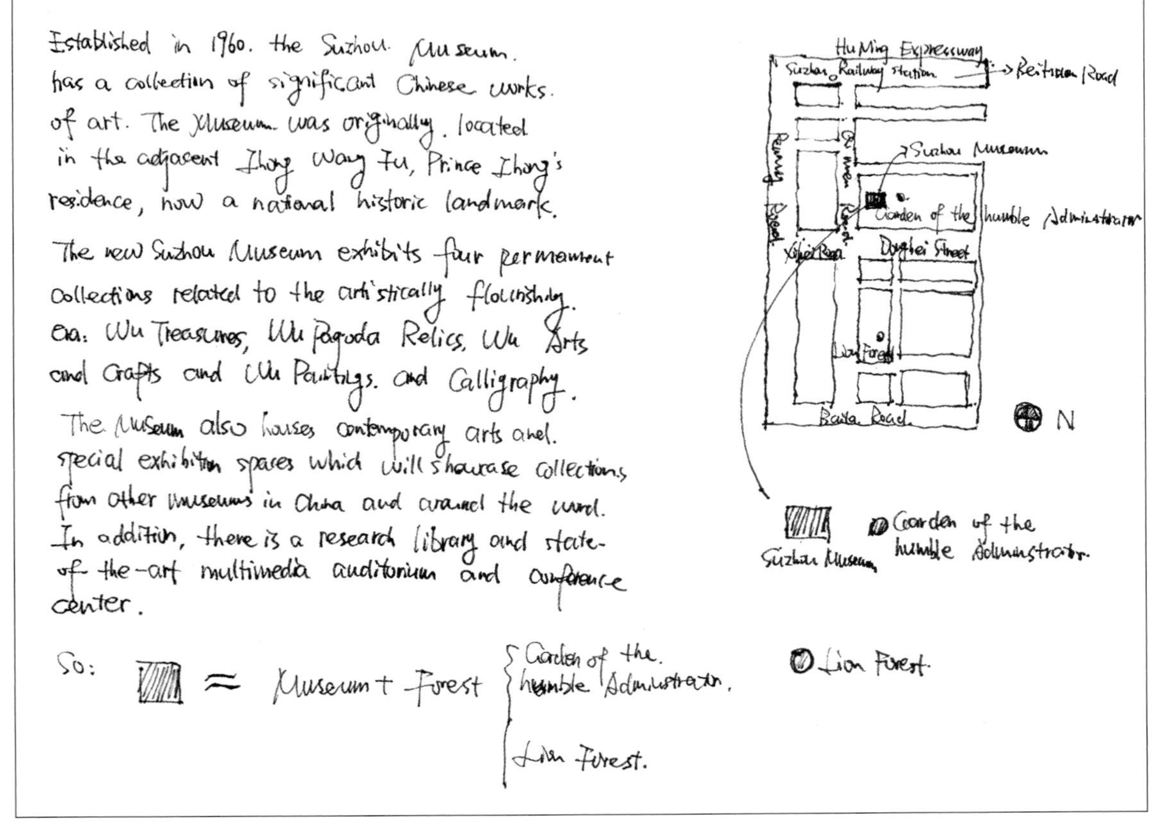

Established in 1960. the Suzhou Museum has a collection of significant Chinese works of art. The Museum was originally located in the adjacent Thong Wang Fu, Prince Thong's residence, now a national historic landmark.
The new Suzhou Museum exhibits four permanent collections related to the artistically flourishing era: Wu Treasures, Wu Pagoda Relics, Wu Arts and Crafts and Wu Paintings and Calligraphy.
The Museum also houses contemporary arts and special exhibition spaces which will showcase collections from other museums in China and around the world.
In addition, there is a research library and state-of-the-art multimedia auditorium and conference center.
So: = Museum + Forest
Garden of the humble Administrator.
Lion Forest.
HuNing Expressway
Suzhou Railway Station
Suzhou Museum
Garden of the humble Administrator
Dongbei Street
Baita Road
N
Suzhou Museum
Garden of the humble Administrator.
Lion Forest.

图 6-12

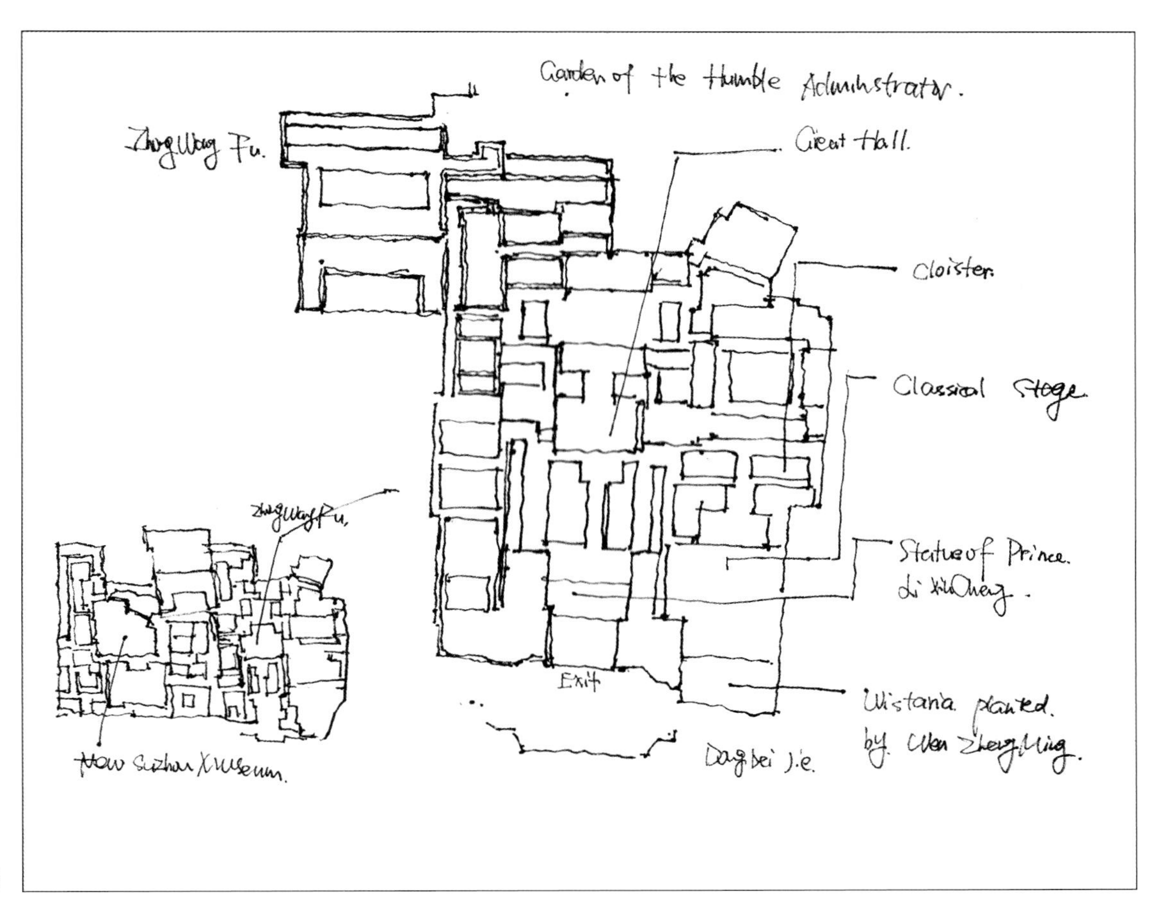
Garden of the Humble Administrator.
Great Hall.
Cloister.
Classical Stage.
Statue of Prince Li XiuCheng.
Wistaria planted by Wen ZhengMing.
Exit
Dongbei Jie.
New Suzhou Museum.
图 6–13

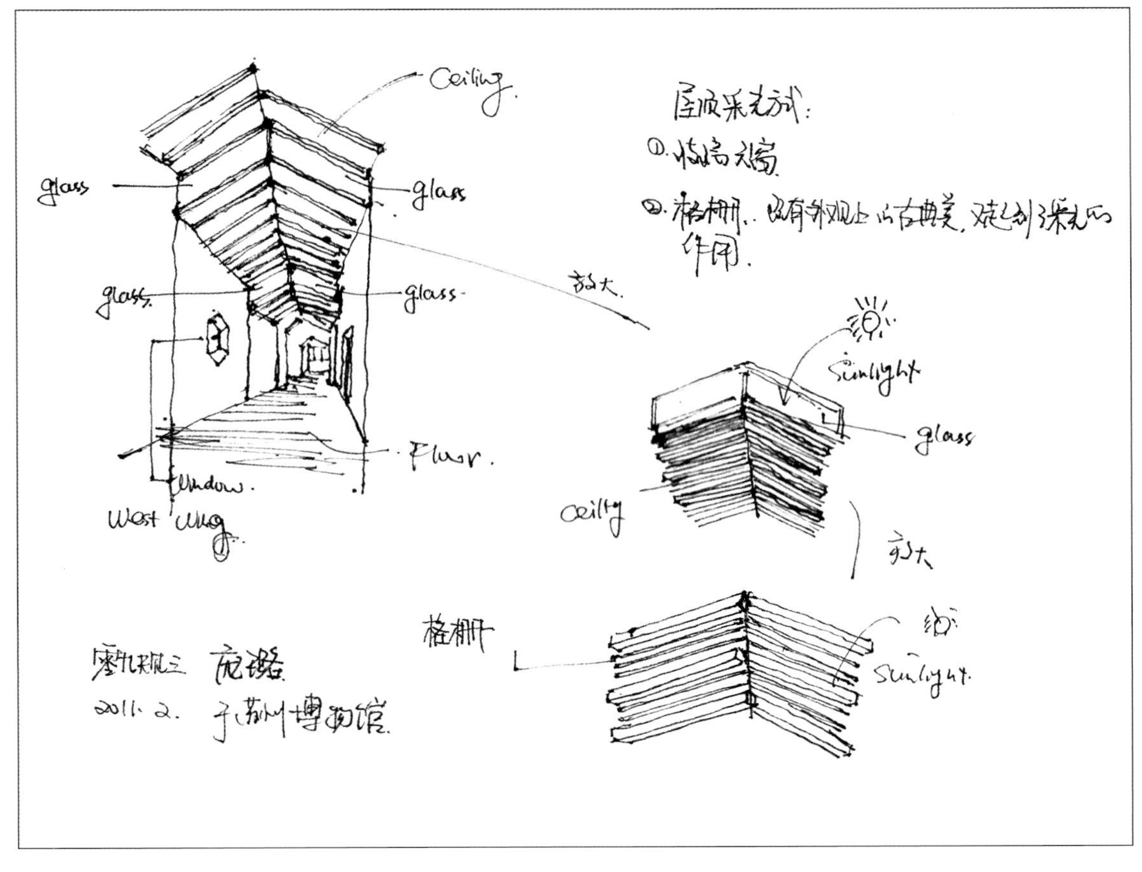
Ceiling.
glass
glass
glass.
glass.
Floor.
window.
West Wing.
屋顶采光方式：
①.临高天窗
②.格栅，既有外观上的古典美，又起到了采光的作用.
sunlight
glass
ceiling
格栅
2011.2.
于苏州博物馆.
图 6–14

起伏与重叠（层次）
背景层次
中间层次
近景层次
组合上自由灵活，外轮廓线具有丰富的层次和起伏变化，
极大地加强整体立面的韵律节奏感。
零九规三 庞璐
2011.2.
苏州博物馆

图 6–15

零九规三
庞璐
2011. 2. 苏州博物馆

图 6–16

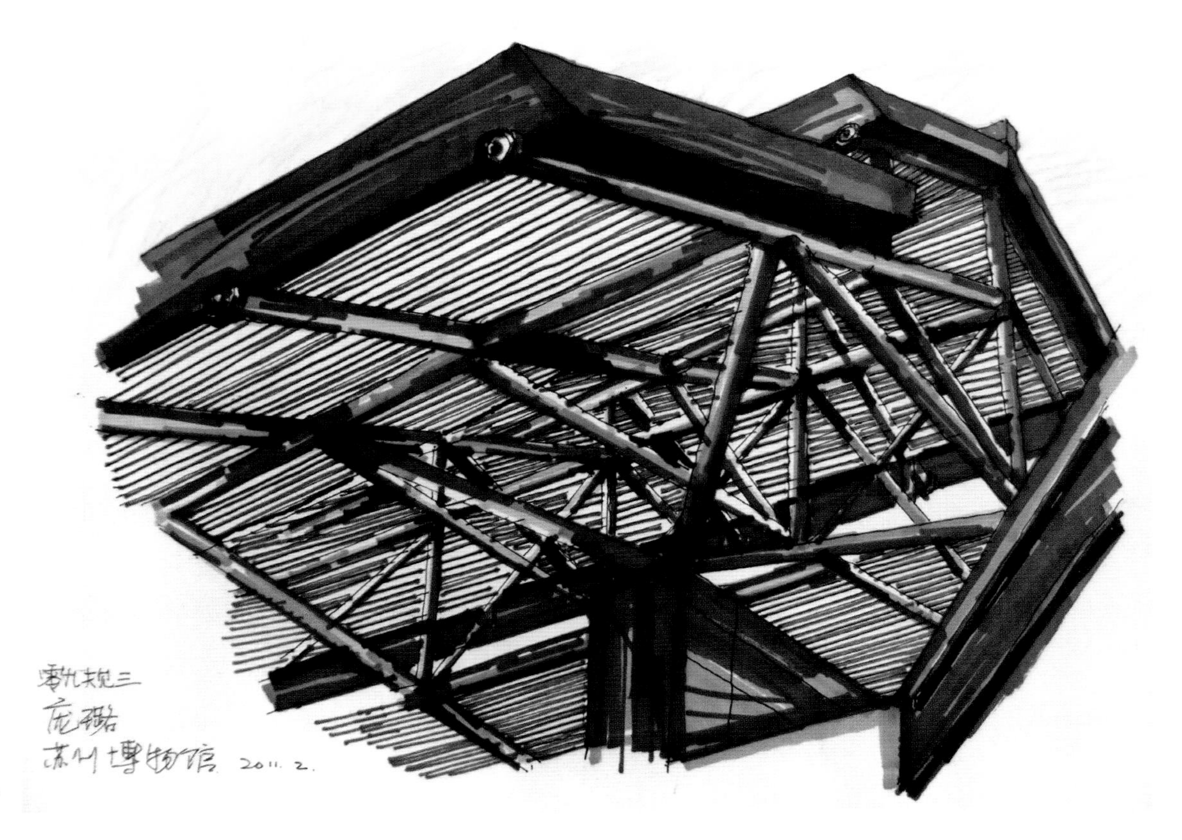

图 6-17

《视觉笔记感悟》

根据作业的要求，我选择了贝聿铭先生设计的《苏州博物馆》作为视觉笔记的对象，对其进行了较为详细地观察、分析与研究，并大致读懂了建筑师的设计理念与表现形式。其中最为感同身受的是贝聿铭先生对地域文化的尊重与借鉴。确切地说，贝聿铭先生设计的苏州博物馆，在很大程度上，既融入了苏州地区所特有的园林文化的意境，同时又将这种意境与现代设计语汇进行整合，极大地体现了传承与发展的精髓。因此，在做视觉笔记时，我首先区分了苏州博物馆的内外空间，并采用研究园林的方式，对苏州博物馆“看与被看”的关系进行了一定地研究。在空间分析的基础上，将其整体形态分解为最简单的构成元素。之后，从空间形式、人流密度等方面，对苏州博物馆有特色的局部也进行了一定的分析，如莲花池、西廊、屋顶等。最后，分析了苏州博物馆富有层次、动态的立面形态，并较为详细地记录下来。视觉笔记的思考与操作方式不仅让我记录了建筑本身，也使我体验了从观察、分析、思考到表达的全过程。这对于我理解大师的设计理念与形式表现，以及今后所要从事的设计工作有很大的帮助。

视觉笔记案例二　山西省博物院

作者：同济大学建筑城规学院 2009 规划班　刘家龄　指导老师：王昌建

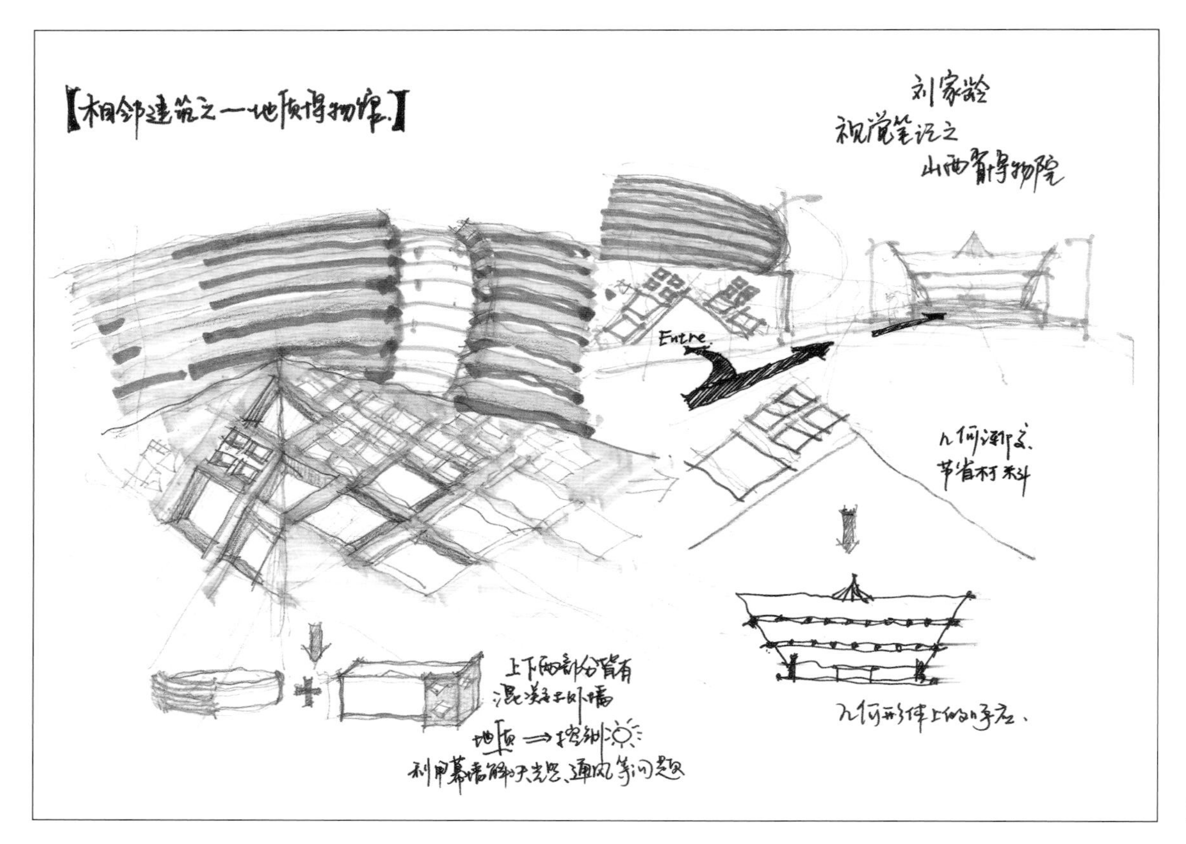

图 6–18

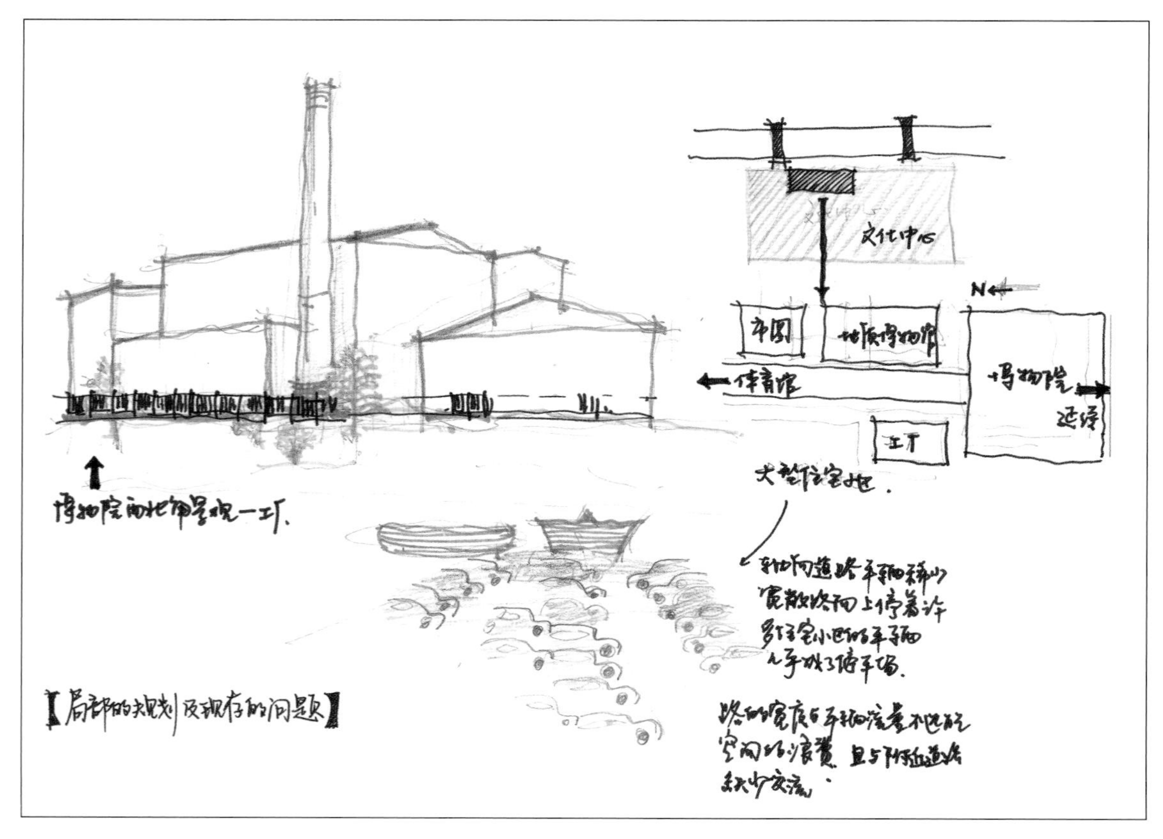

图 6–19

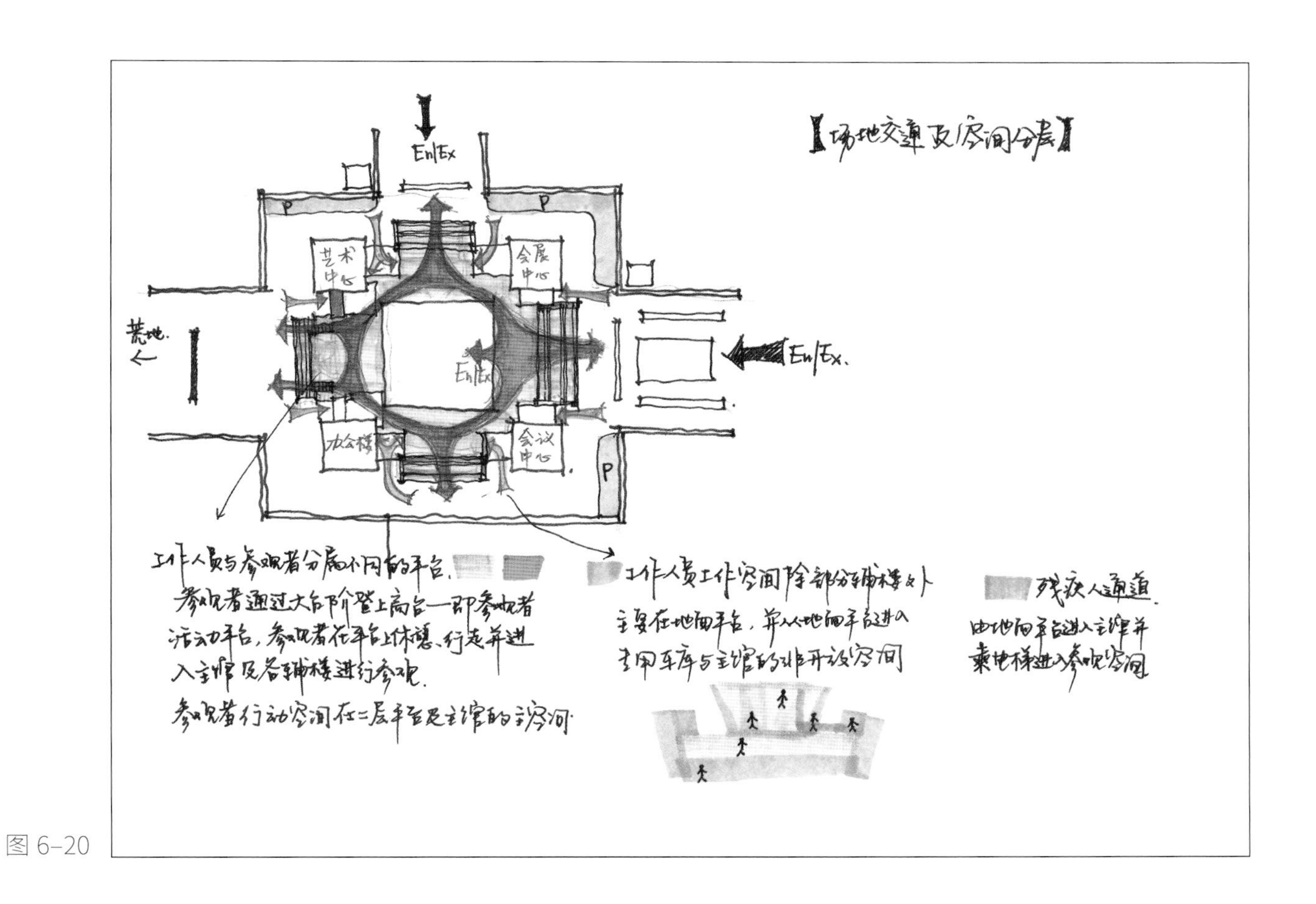
【场地交通及空间分层】
En/Ex
荒地
艺术中心
会展中心
办公楼
会议中心
P
En/Ex.
工作人员与参观者分层分开的平台.
参观者通过大台阶登上高台—即参观者活动平台，参观者在平台上休憩、行走并进入主馆及各辅楼进行参观.
参观者行动空间在二层平台及主馆的主空间
工作人员工作空间除部分辅楼以外主要在地面平台，并从地面平台进入专用车库与主馆的非开放空间
残疾人通道
由地面平台进入主馆并乘电梯进入参观空间

图 6–20

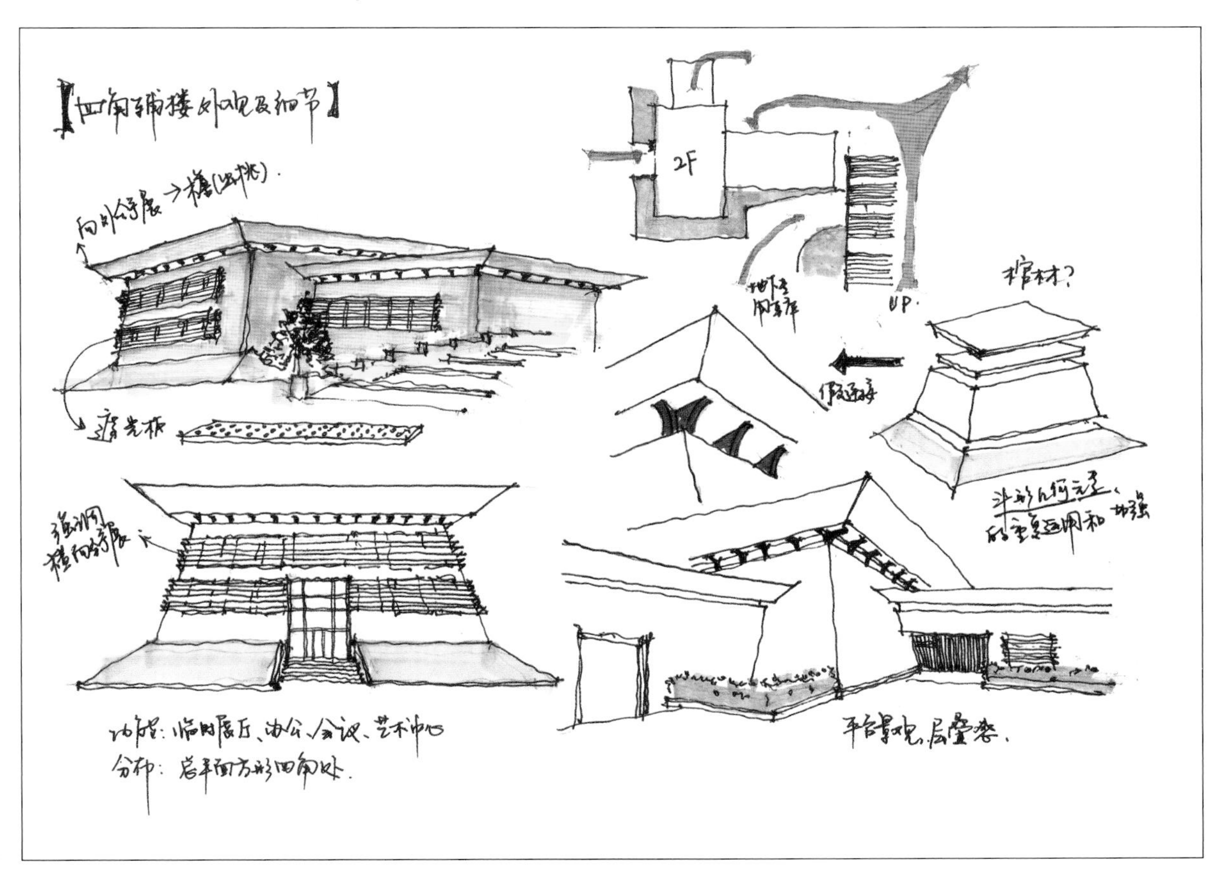
【四角辅楼外观及细节】
向外分层→檐(出挑).
遮光板
功能：临时展厅、办公、会议、艺术中心
分布：总平面方形四角处.
2F
UP.
平台景观，层叠感.

图 6–21

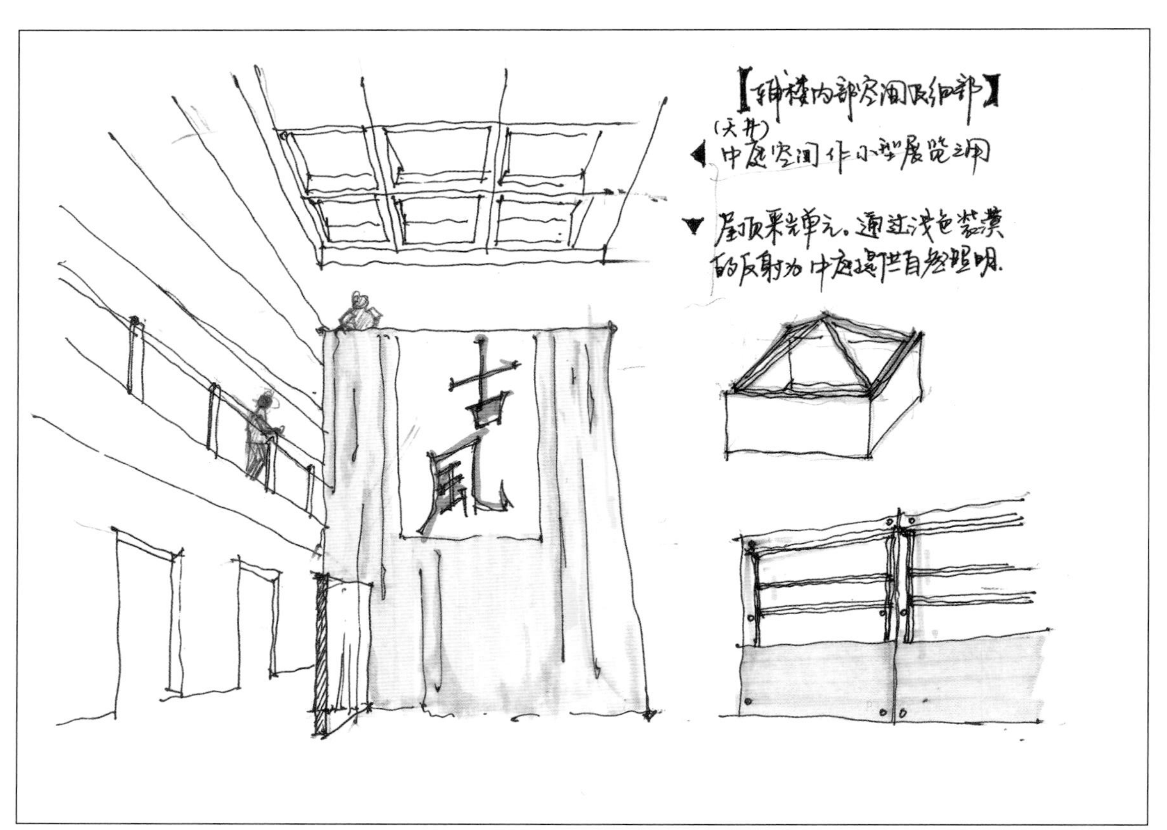
【钟楼内部空间及细部】
(天井)
中庭空间作小型展览之用
屋顶采光单元。通过浅色装潢的反射为中庭提供自然照明。

图 6–22

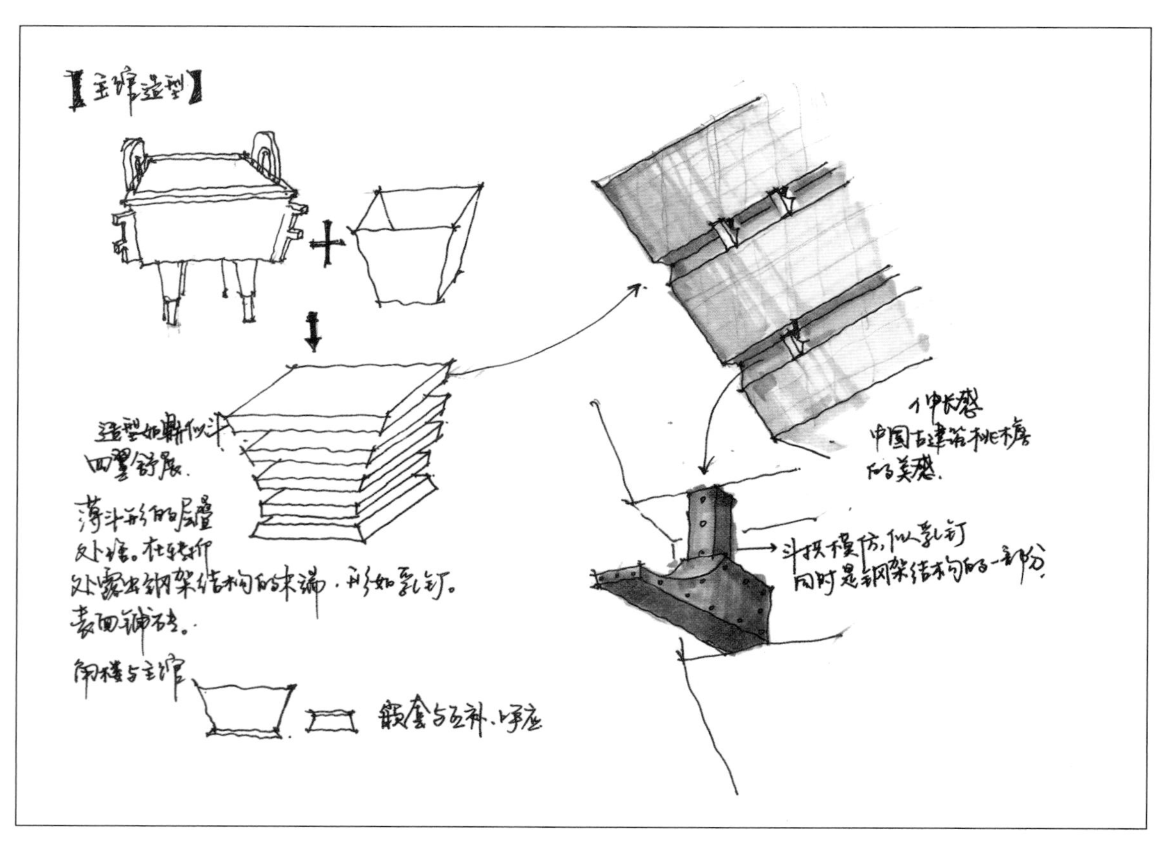
【主馆造型】
造型如鼎似斗
四翼舒展。
漏斗形的层叠外墙。柱转折处露出钢架结构的末端，形如乳钉。
表面铺砖。
钟楼与主馆
中国古建筑挑檐的美感。
斗拱模仿，似乳钉
同时是钢架结构的一部分。

图 6–23

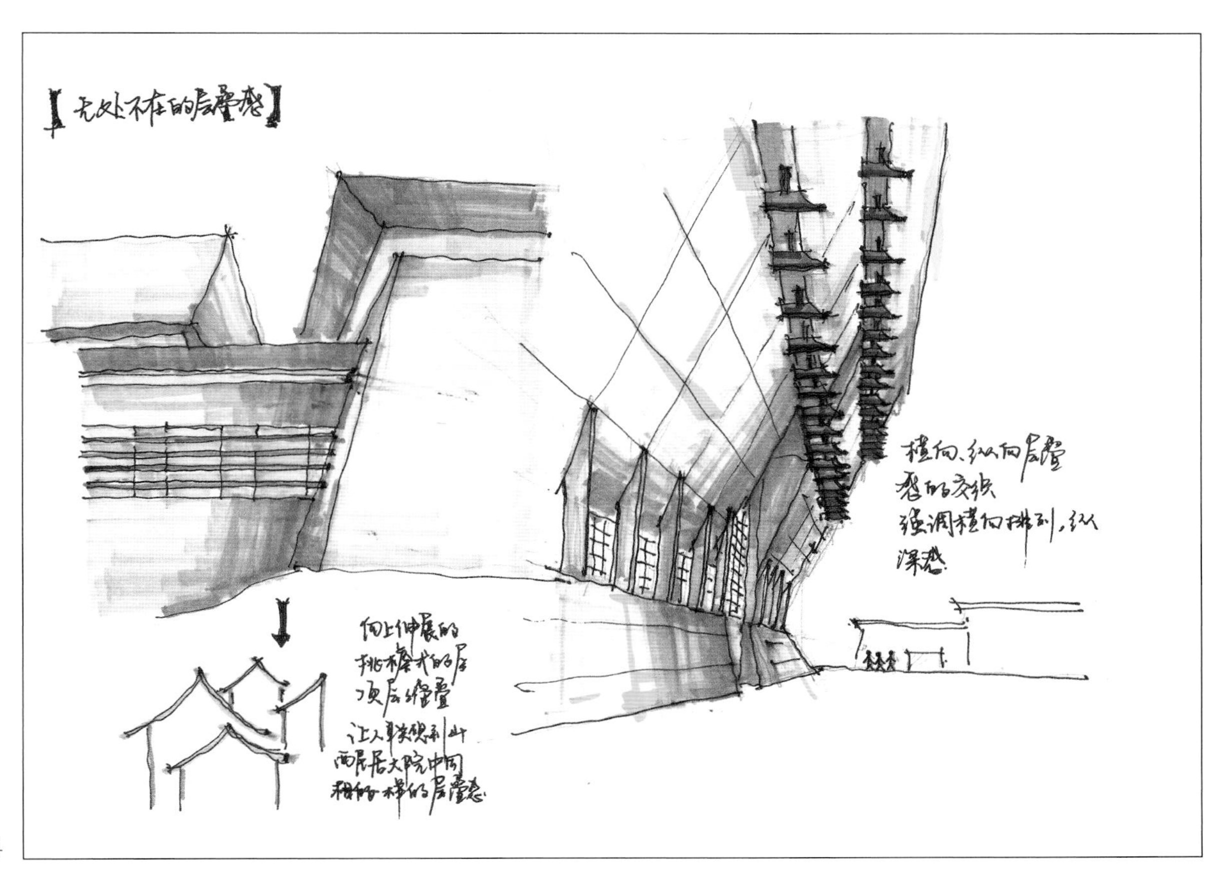
【无处不在的层叠感】
横向、纵向层叠感的交织
强调横向排列，纵深感
向上伸展的挑檐式的层顶层叠
让人联想到山西民居大院中间相似一样的层叠感

图 6-24

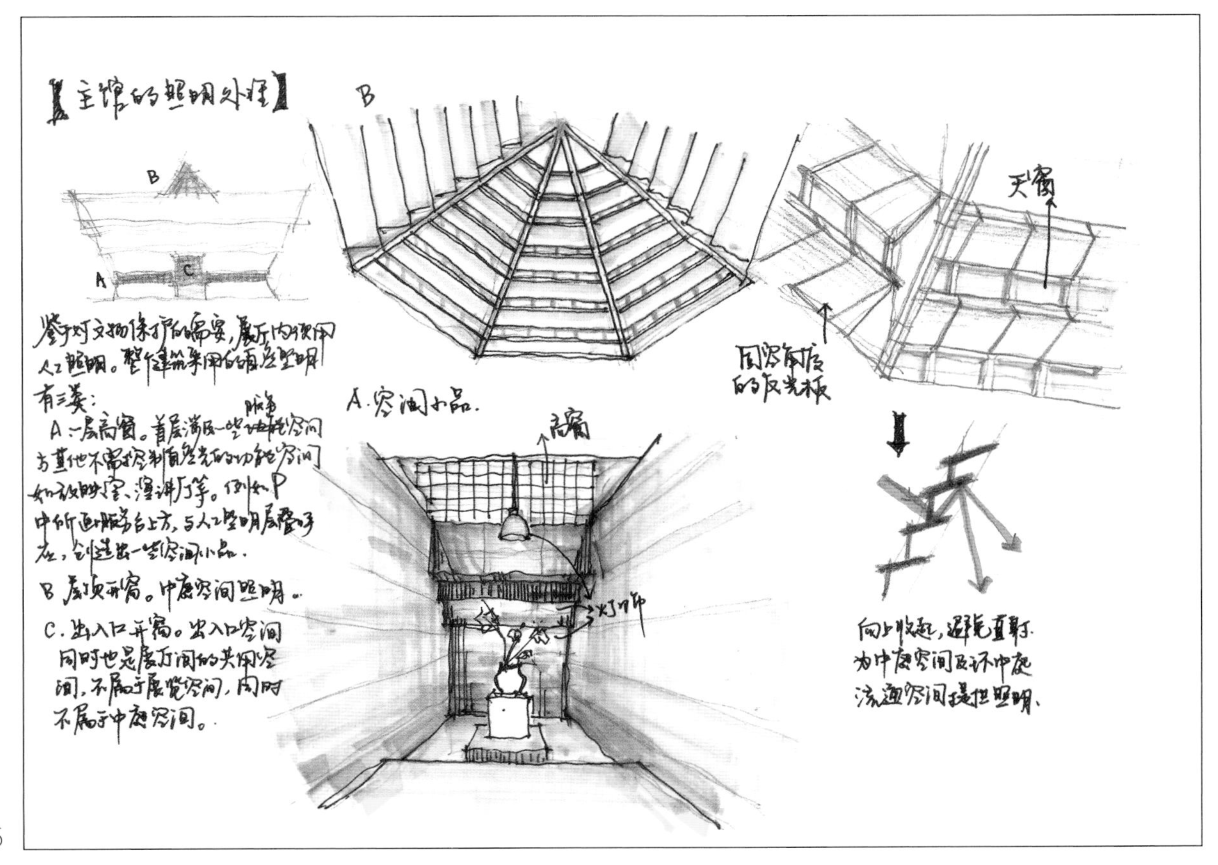
【主馆的照明处理】
B
A
C
基于对文物保护的需要，展厅内使用人工照明。整个建筑采用的自然照明有三类：
A.一层高窗。首层满足一些服务性空间与其他不需控制自然光的功能空间如放映室、演讲厅等。例如P中所画服务台上方，与人工照明层叠结合，创造出一些空间小品。
B.屋顶开窗。中庭空间照明。
C.出入口开窗。出入口空间同时也是展厅间的共用空间，不属于展览空间，同时不属于中庭空间。
A.空间小品.
高窗
灯饰
天窗
周边角度的反光板
向上收起，避免直射。为中庭空间及环中庭流通空间提供照明。

图 6-25

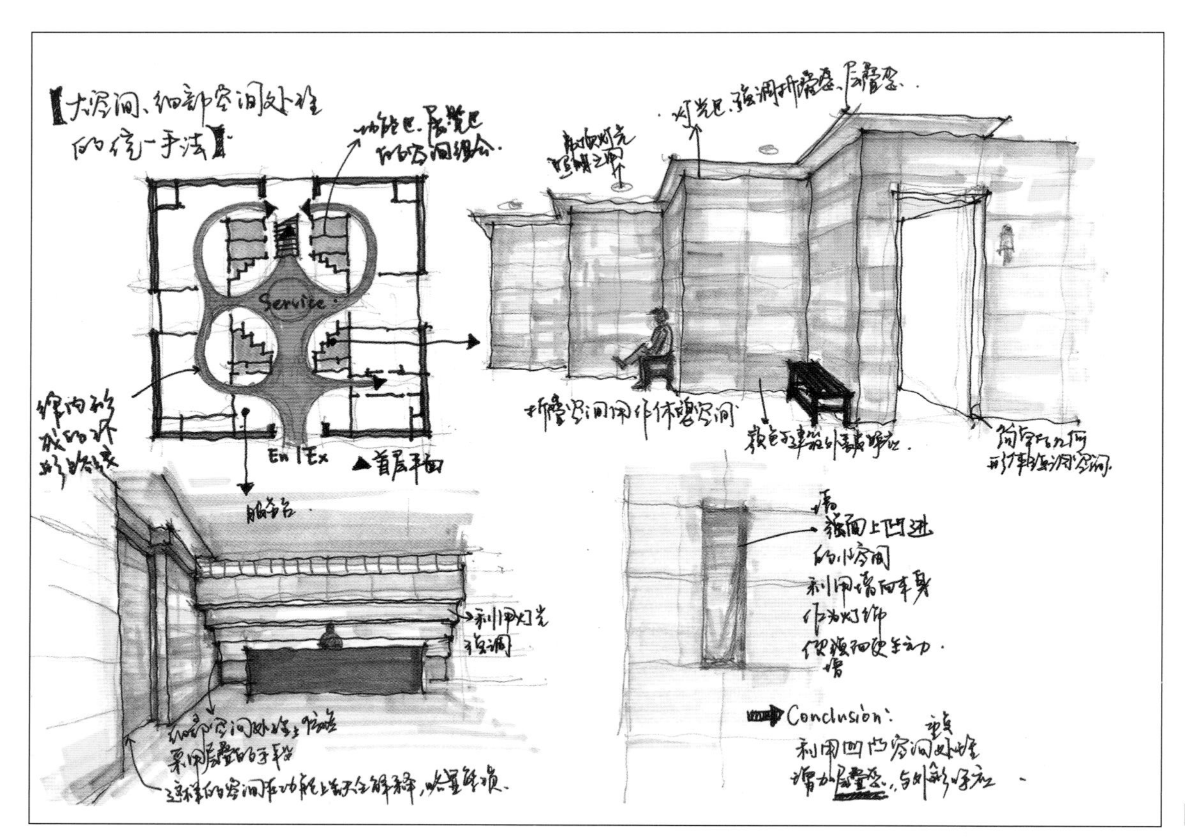

图 6–26

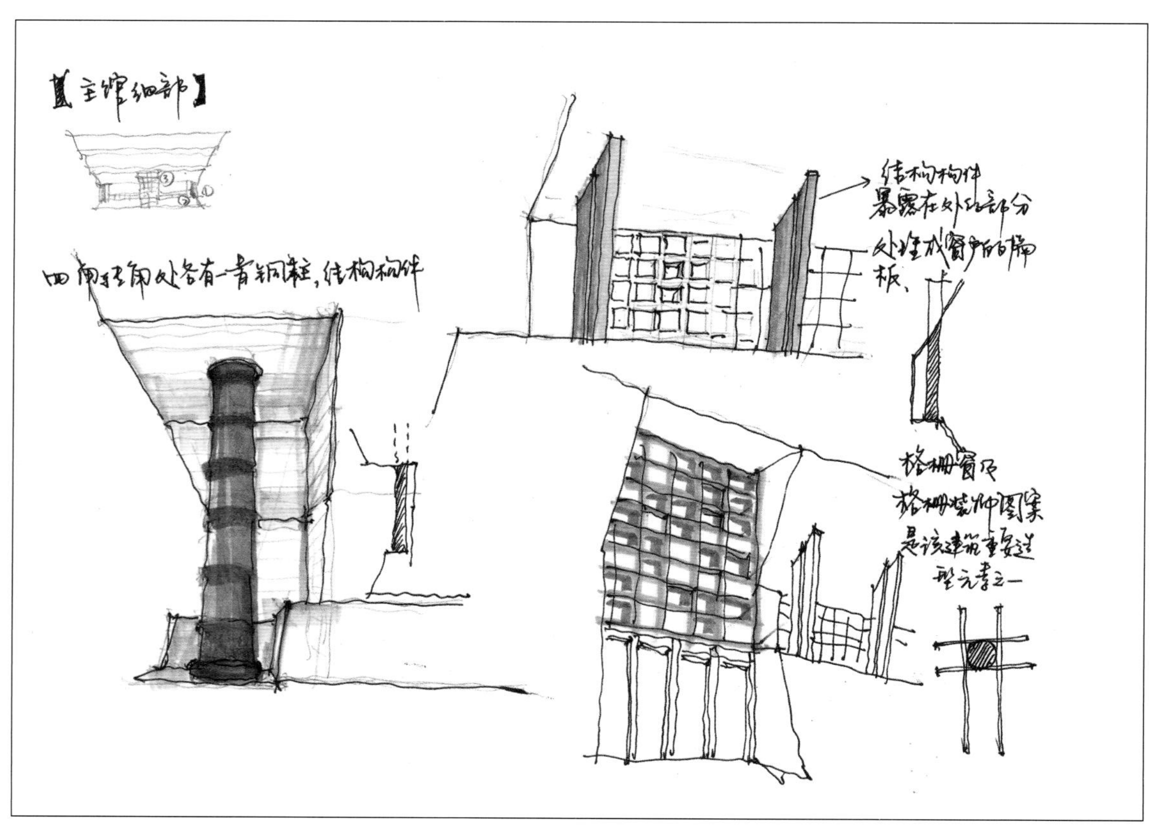

图 6–27

视觉笔记案例三　故乡随笔速写

作者：同济大学建筑城规学院 2009 规划班　张皓　指导老师：王昌建

图 6–28

图 6–29

图 6–30

图 6–31

图 6–32

图 6–33

图 6–34

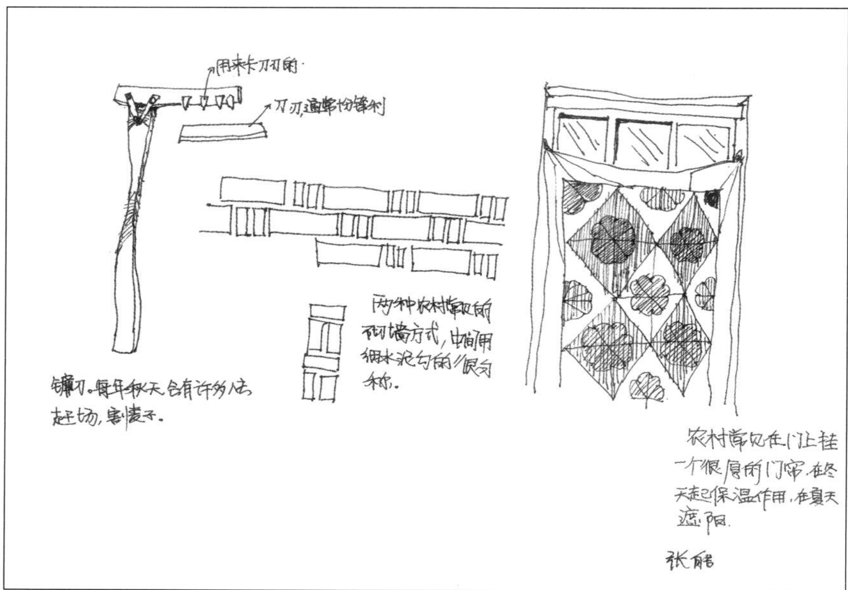

图 6–35

图 6–36

2. 向大师们致敬——建筑重构设计

建筑形态的重构设计表现，其宗旨是对创造性设计思维与表现方式的培养。它是建立在学习大师们造型设计语汇的基础上，对建筑形态的拓展设计与表现，也是在变化的可能性与可行性方面，进行的主观再设计与表现的探索。具体的形式表现是引导学习者对大师作品进行扬弃式的重新定位，以此拓宽他们的设计思维并激发他们的创造性设计与表现的冲动。

学习要点：在临摹大师作品时，要分析作品中形态元素与设计语汇之间的组合关系，分析根据所在（包括内在理念与外在形式感）。在对原作进行重新设计与表现时，要运用时尚或主观的理念与表现形式，力求达到“神似形变”的效果。

课题作业：

1）临摹某一大师的经典设计作品（外部形态）

要求：尽量接近原作的精神。

2）进行主观的重新设计与表现

要求：既体现原作的某些特征，又能够有自己的主观感悟与个性化的形式语言。同时，要将重新设计的理念与思路通过分析图的形式表现出来。

材料与工具：中性水笔、美工笔、马克笔、彩铅均可，绘图纸或卡纸。

作业讲评：采用对作业进行学生自评、互评，并老师讲评相结合的形式。

重构设计表现案例一 《朗香教堂》（设计师 – 勒·柯布西耶）

重构设计作者：同济大学建筑城规学院 2009 规划班　潘美程　指导老师：王昌建

（临摹原作）

图 6–37

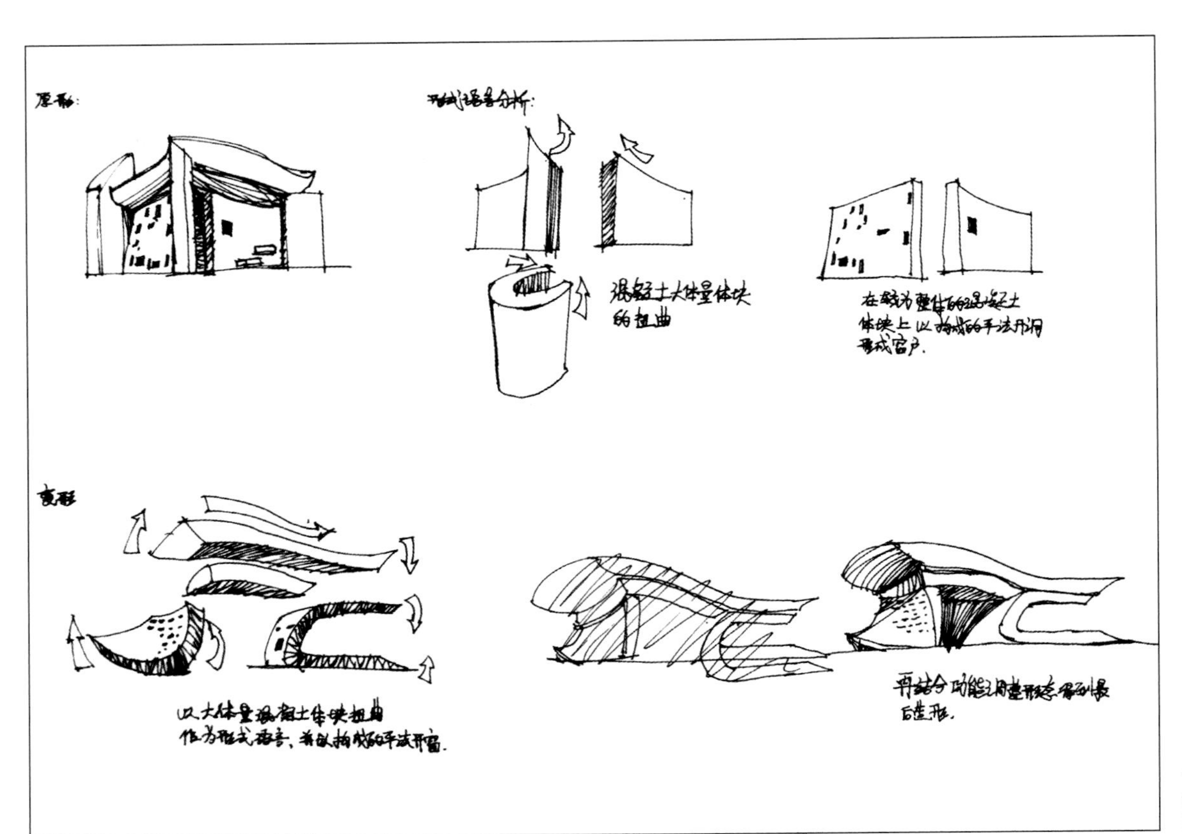

设计思路的分析过程
图 6–38

改造方案效果图
图 6–39

设计感悟：

我选择进行建筑形态拓展设计的作品，是 20 世纪著名建筑大师——勒·柯布西耶的《朗香教堂》。这是柯布西耶最具创意、也是最为震撼和最具表现力的代表作。教堂造型奇特，不规则的平面与几乎完全不同的卷曲着的墙体，使人联想到原始社会的巨石建筑，甚至更多。可以说它既摒弃了传统教堂的模式，又不同于现代建筑的一般性手法。有人把它比喻为“凝固的音乐”，甚至超越了近代与现代建筑史上所有的建筑模式；但也有人把它比喻为“一个怪诞的建筑物”。无论有多少见仁见智的评价，在我的眼中它是一座既引人入胜，又让人产生无限遐想的伟大建筑。

在进行重新设计时，我根据原作品的造型特征，将建筑的顶部、墙体的造型更加夸张，以大体块扭曲作为形式语言，再结合形态的功能组合，最后形成了这幅改造后的作业。这样的课题练习，有助于我们通过分析案例，理解大师的作品之所以如此精彩的根据所在。而在重新设计的同时，又可以开阔我们的设计思路。

重构设计表现案例二 《朗西拉一号》（设计师 – 马里奥·博塔）

重构设计作者：同济大学建筑城规学院 2009 规划班　王程娇　指导老师：王昌建

（临摹原作）

图 6-40

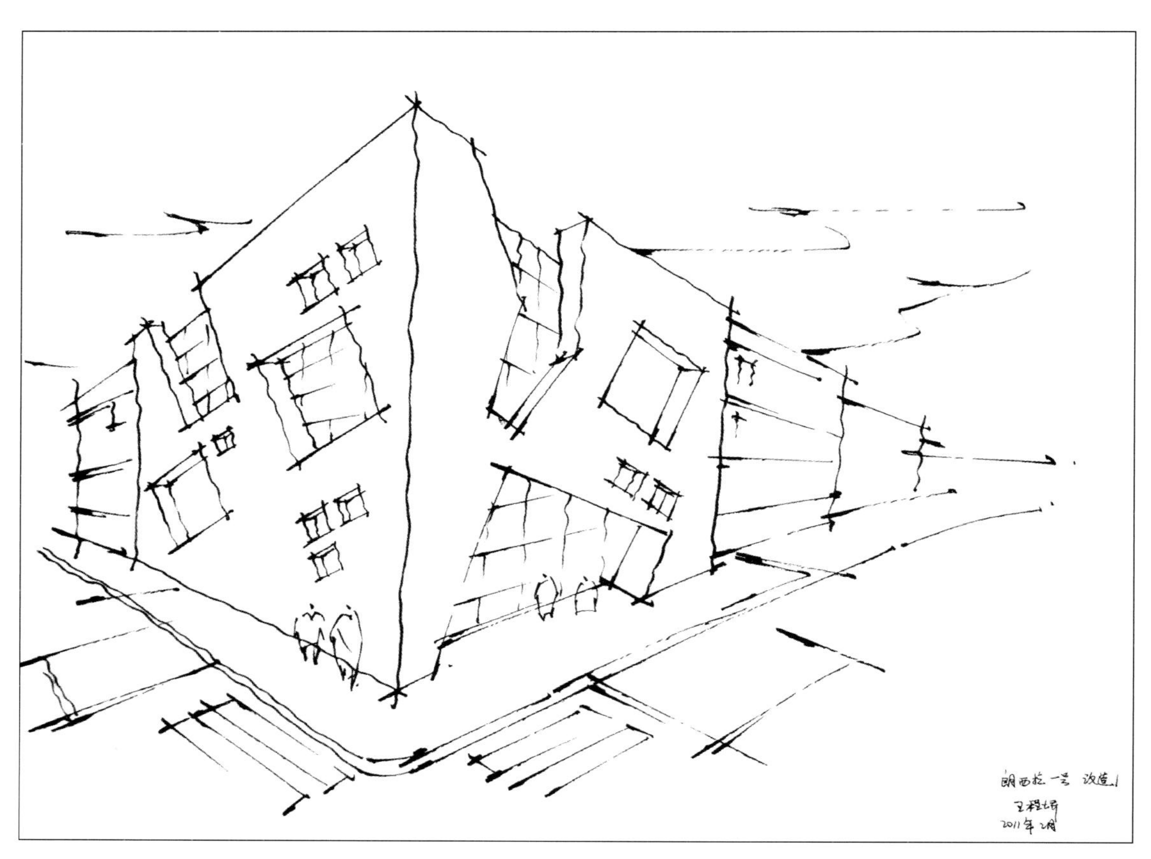

改造方案透视图一

图 6-41

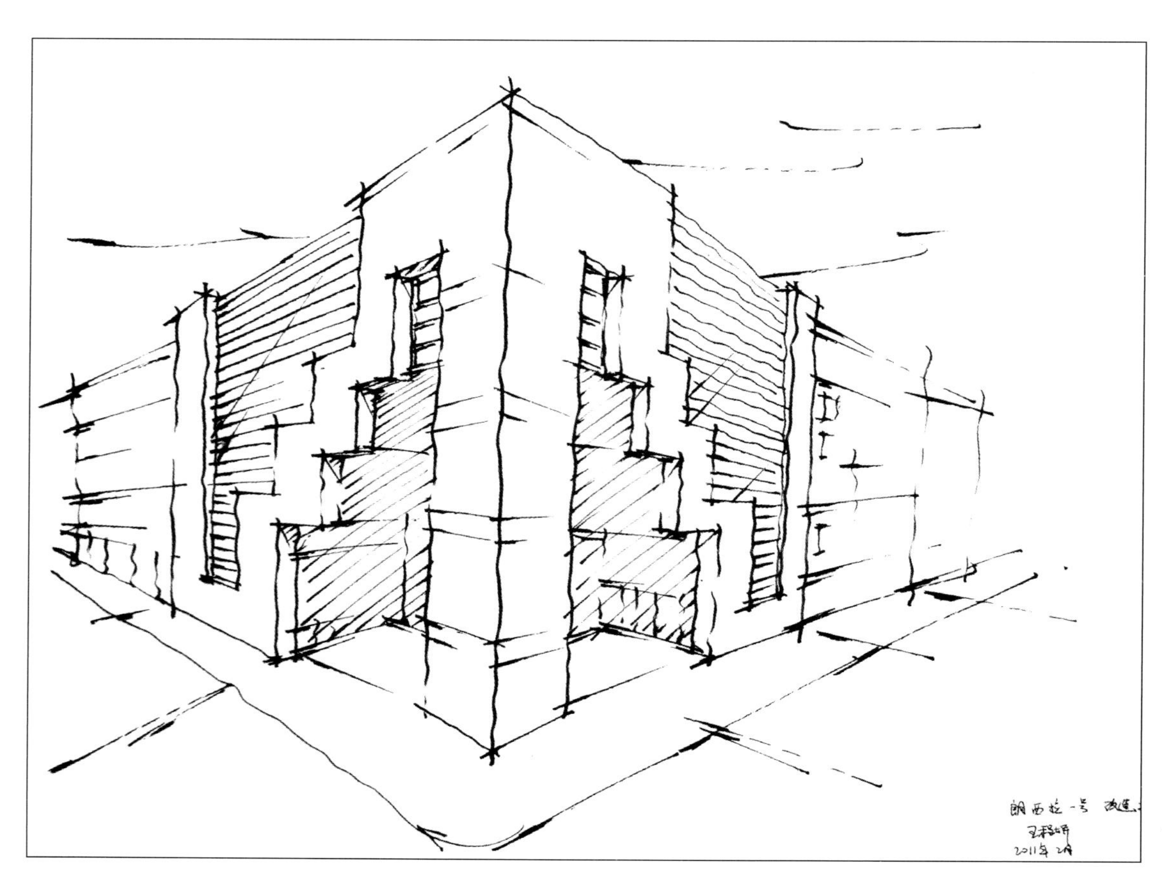

改造方案透视图二

图 6-42

改造方案透视图三
图 6–43

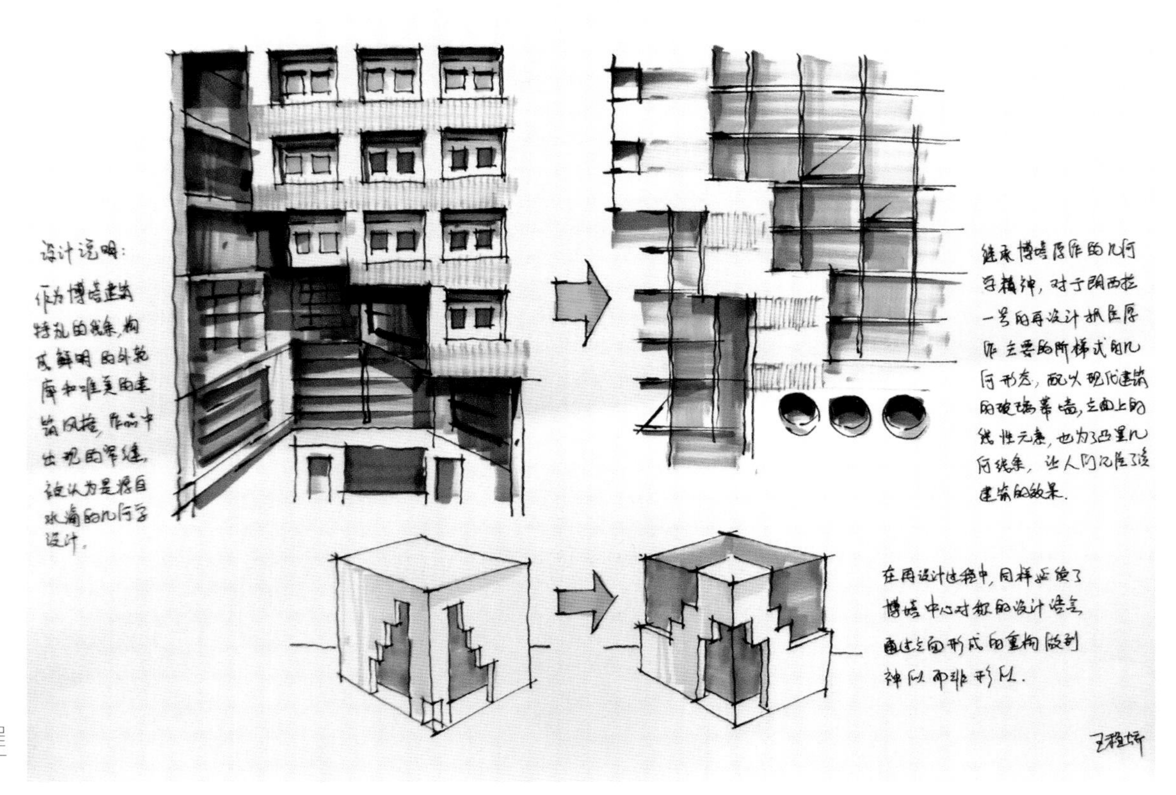

设计思路的分析过程
图 6–44

重构设计表现案例三 《辛辛那提当代艺术中心》（设计师 – 扎哈·哈迪德）

重构设计作者：同济大学建筑城规学院 2009 规划班 刘家龄 指导老师：王昌建

（临摹原作）| 图 6–45

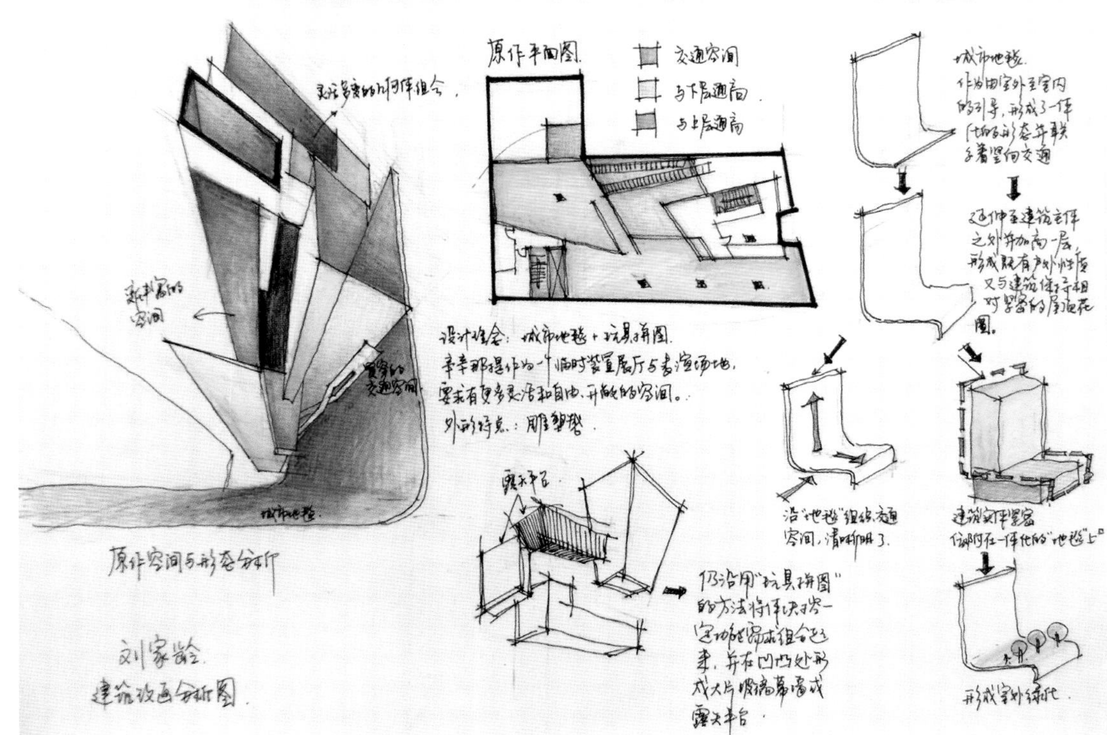

设计思路的分析过程

图 6–46

改造方案效果图

图 6–47

重构设计表现案例四 《宜兴酒店夜总会》（设计师－吴立东）

重构设计作者：同济大学建筑城规学院 2009 规划班　姚桂凯　指导老师：王昌建

（临摹原作）

图 6–48

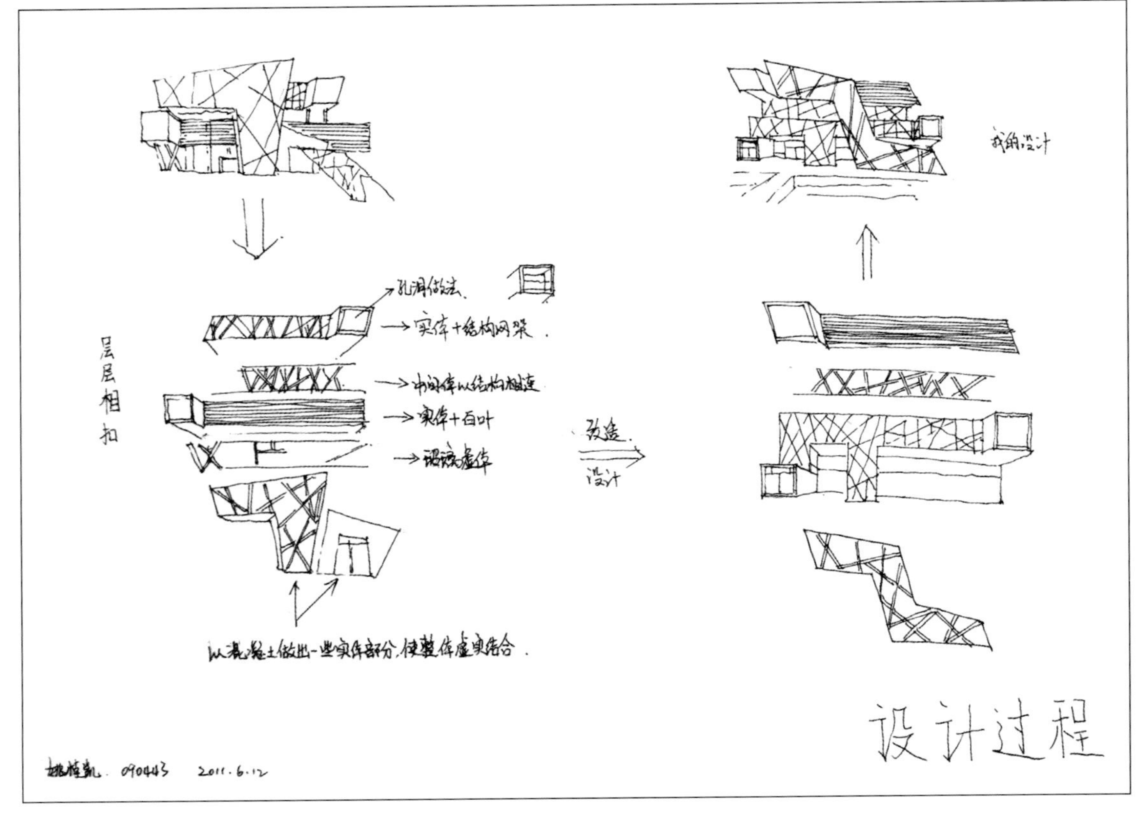

设计思路的分析过程

图 6–49

改造方案效果图
图 6-50

重构设计表现案例五 《日本古河娱乐场》（设计师 – 早川邦彦建筑研究院）

重构设计作者：同济大学建筑城规学院 2009 规划班　张皓　指导老师：王昌建

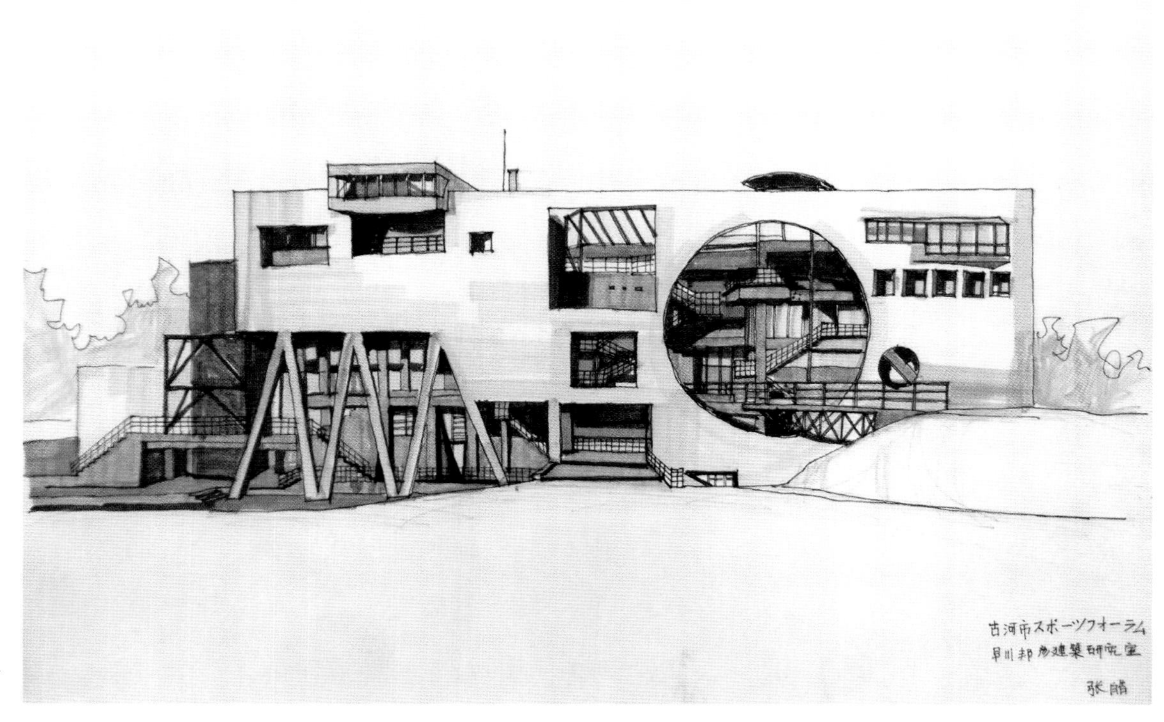

（临摹原作）
图 6-51

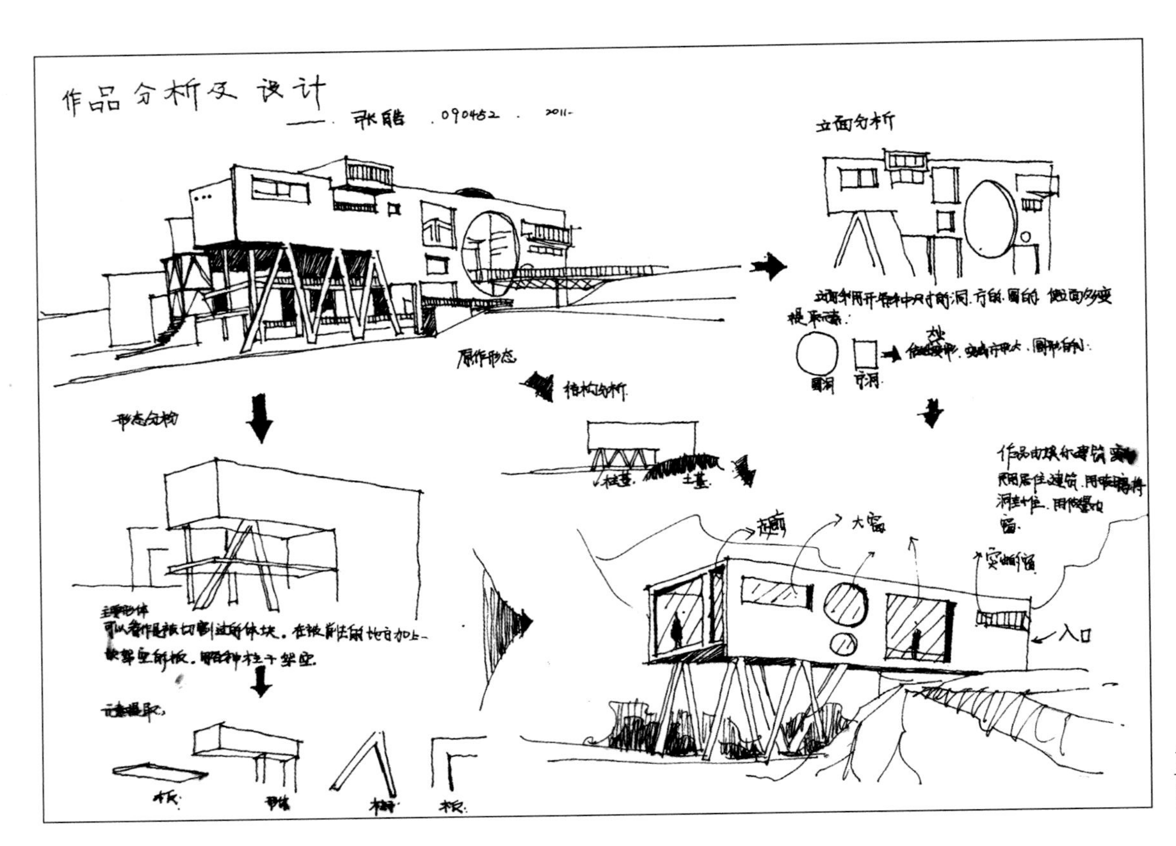

设计思路的分析过程

图 6–52

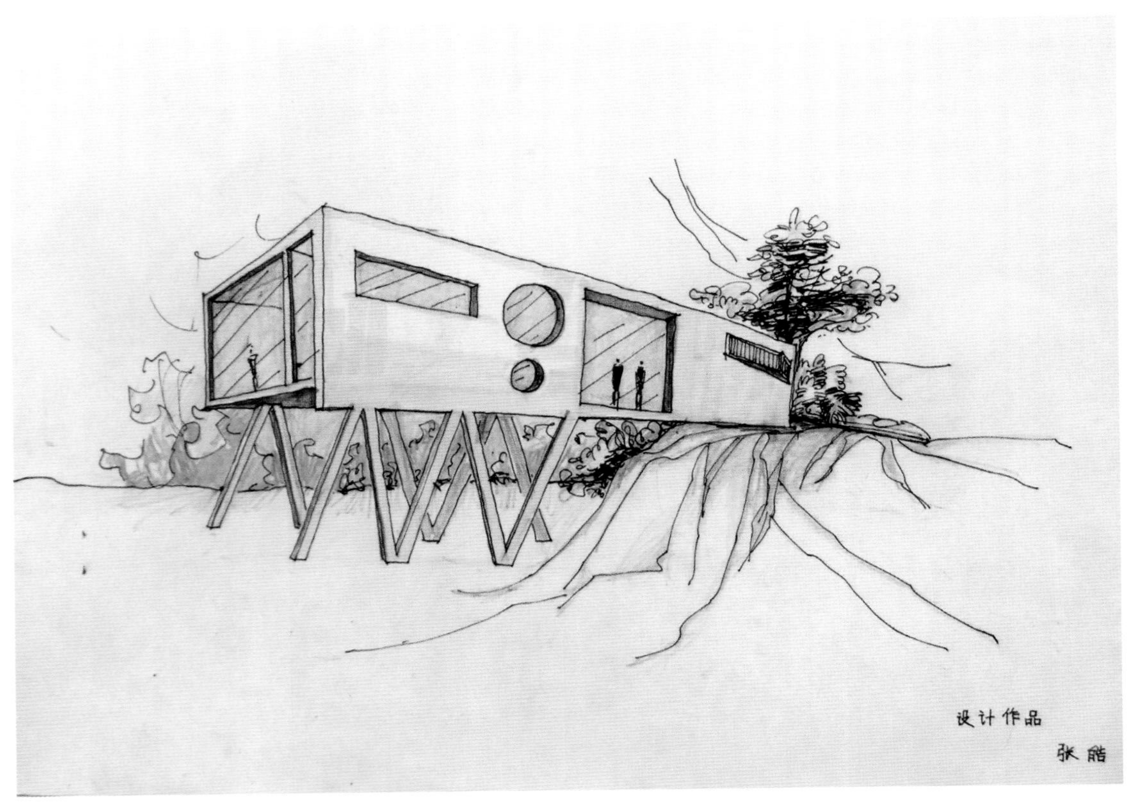

改造方案效果图

图 6–53